Robert Wichard Pohl

Die Physik der Röntgenstrahlen

bremen
university
press

Robert Wichard Pohl

Die Physik der Röntgenstrahlen

ISBN/EAN: 9783955622176

Auflage: 1

Erscheinungsjahr: 2013

Erscheinungsort: Bremen, Deutschland

bremen
university
press

DIE PHYSIK

DER

RÖNTGENSTRAHLEN

VON

Dr. ROBERT POHL

PRIVATDOZENTEN AN DER UNIVERSITÄT BERLIN

MIT 72 ABBILDUNGEN IM TEXT UND AUF EINER TAFEL

BRAUNSCHWEIG

DRUCK UND VERLAG VON FRIEDR. VIEWEG & SOHN

1912

VORWORT.

Durch die Arbeiten der letzten Jahre ist die physikalische Erkenntnis der Röntgenstrahlen erheblich gefördert worden. Das vorliegende Buch versucht den gegenwärtigen Stand der Untersuchungen und ihre wesentlichen Ergebnisse zusammenzufassen. Es ist aus Vorlesungen entstanden, und teilweise auch aus Referaten, die ich während der letzten Semester im Colloquium des Berliner Physikalischen Instituts gehalten habe. Die Literatur konnte ich zum Teil bis zur Mitte dieses Jahres berücksichtigen, da mir von mehreren Seiten in liebenswürdigster Weise Korrekturbogen zur Verfügung gestellt wurden, doch lag es meiner Absicht fern, alle seit Röntgens Entdeckung erschienenen Publikationen heranzuziehen. Das verbot rein äußerlich der Umfang, und außerdem besitzen sehr viele Arbeiten kaum mehr historisches Interesse.

Die Darstellung schließt sich durchweg der elektromagnetischen Auffassung der Röntgenstrahlen als kurzer Ätherimpulse an, ohne jedoch, wie ich hoffe, der Deutung der experimentellen Tatsachen irgendwie Zwang anzutun.

Nach Vollendung des Manuskriptes erfuhr ich von den Versuchen der Herren Laue, Friedrich und Knipping, und die Freundlichkeit dieser Herren ermöglichte es mir als Nachtrag ein besonderes Kapitel über die Interferenzerscheinungen anzufügen, die in vielfacher Hinsicht von grundlegender Bedeutung sind.

Die Braggsche Korpuskulartheorie der Röntgenstrahlen habe ich fortgelassen, da ich keine Möglichkeit sehe, auch nur die wichtigsten Eigenschaften der Strahlen mit ihrer Hilfe zu deuten.

Hingegen habe ich, insbesondere in Anbetracht der Arbeiten der Herren A. Sommerfeld und Edgar Meyer, nur ungern von einer Darstellung der γ-Strahlen abgesehen. Doch findet sich eine solche in mehreren Lehrbüchern der Radioaktivität, außerdem habe ich es versäumt, die Literatur der zugehörigen β-Strahlen zu verfolgen, und überdies hoffe ich, daß sich einige wesentliche Folgerungen für die γ-Strahlen als elektromagnetischer Ausstrahlung von Elektronen hoher Geschwindigkeit (β-Strahlen) unschwer aus den analogen Erscheinungen an Röntgenstrahlen ziehen lassen werden.

Die experimentelle Technik der Röntgenstrahlerzeugung ist als bekannt vorausgesetzt, da sie in zahlreichen Lehrbüchern dargestellt ist. Ebenso habe ich keinerlei Einzelheiten über elektroskopische und elektrometrische Meßmethoden angeführt, da diese ja in den Werken über Gasentladungen und Radioaktivität oft und ausführlich behandelt sind.

Zum Schluß danke ich den Herren Bestelmeyer, Friedrich, Knipping, Laue und Wilson verbindlichst für die Überlassung von Originalphotographien und Herrn cand. phil. G. Klapper für die Durchsicht einer Korrektur.

Glücksburg-Ostsee, August 1912.

R. Pohl.

Inhaltsübersicht.

Drittes Kapitel.

Die Haupteigenschaften der gerichteten Röntgenstrahlung.

Viertes Kapitel.

Die durch Streuung entstehende Sekundärstrahlung.

Fünftes Kapitel.

Die charakteristische homogene Sekundärstrahlung
(Fluoreszenzstrahlung, Eigenstrahlung).

Sechstes Kapitel.

Die Absorption der Röntgenstrahlen.

Siebentes Kapitel.

Die Elektronenemission bei der Absorption der Röntgenstrahlen.

Achtes Kapitel.

Die Ionisation durch Röntgenstrahlen, chemische Wirkungen und Fluoreszenz.

Nachtrag.

Neuntes Kapitel.

Die Interferenz der Röntgenstrahlen.

Erstes Kapitel.

Röntgenstrahlen entstehen, wenn Elektronen einer plötzlichen Geschwindigkeitsänderung unterworfen werden, also z. B. beim Anprall von Kathodenstrahlen auf eine sie absorbierende Substanz. Als solche diente in Röntgens klassischen Versuchen [1]) die Glaswand eines Entladungsrohres, auf die Kathodenstrahlen mit so großer Geschwindigkeit aufprallen, daß sie die bekannte grüne Fluoreszenz des Glases hervorrufen. Röntgen selbst hat dann bald darauf das Glas als bremsende Materie durch eine Substanz von hohem Atomgewicht und hohem Schmelzpunkt ersetzt und die Kathodenstrahlen durch eine konkave Oberfläche der Kathode auf einer gegenübergestellten Metallplatte, der „Antikathode", in einem Brennfleck konzentriert.

Der Nutzeffekt der Röntgenstrahlerzeugung an der Antikathode ist außerordentlich klein. Nur wenige Promille von der Energie der Kathodenstrahlen werden in Energie der Röntgenstrahlen umgesetzt.

Die Energie der Röntgenstrahlen erhält man durch die Messung der Wärmemenge, die bei der Absorption der Strahlen in Metallen erzeugt wird. Für ihre Bestimmung hat man die aus der Lehre von der Wärmestrahlung bekannten Methoden benutzt, nämlich:

1. Luftthermometer,
2. Thermosäule,
3. Flächenbolometer,
4. Radiometer,
5. Radiomikrometer.

---

[1]) W. C. Röntgen, I. Mitteilung: Würzburger Sitz.-Ber. 1895, S. 137—141; II. Mitteilung: 1896, S. 11—19; III. Mitteilung: Berl. Ber. 1897, S. 576—592. Abgedruckt unter anderem: Ann. d. Phys. **64**, 1—37 (1898).

Ein Luftthermometer benutzte Dorn[1]), dem es als ersten gelang, die Energie der Röntgenstrahlen zu messen. Dorn verband zwei symmetrische zylindrische Glasgefäße von 3,8 cm Durchmesser und 66 cbcm Volumen durch eine empfindliche Drucklibelle und brachte in eins der Gefäße Metallbleche zur Absorption der Röntgenstrahlen. Die Bleche bestanden aus einer oder mehreren Scheiben, die den Querschnitt des Glaszylinders ausfüllten und deren Dicke je nach dem Material zwischen 0,065 mm für Platin und 0,15 mm für Al variierte. Die Röntgenstrahlen traten durch ein 0,3 mm dickes Al-Fenster ins Innere der beiden Glaszylinder ein und erhöhten in 30 Sekunden die Temperatur des mit dem absorbierenden Metall beschickten Zylinders um 1,7 bis $18,3.10^{-4}$ Grad. Eine elektrische Eichung mittels eines Gleichstromes, der die Metallbleche durchfloß, ergab die der Temperaturerhöhung entsprechende Wärmemenge zu 3,4 bis $17,0.10^{-5}$ cal, und als Endergebnis fand Dorn, daß seine Röntgenröhre insgesamt von der Antikathode zwischen 1,7 und $1,9.10^{-3}$ cal Strahlungsenergie in einer Sekunde emittierte, die sich auf 5 bis 10 Einzelentladungen in der Sekunde verteilte.

Die Thermosäule haben W. Wien, E. Carter und E. Angerer angewandt. Sie bestand bei Wiens Versuchen[2]) aus 30 Sb-Bi-Elementen und besaß 1,4 qcm Oberfläche. In Verbindung mit einem Galvanometer von 6 Ω innerem Widerstand und einer Empfindlichkeit von $1,9.10^{-9}$ Amp. leistete sie dasselbe, wie ein Bolometer von 225 qcm Fläche, indem sie für $5,4.10^{-8} \dfrac{cal}{sec.\,cm^2}$ einen Skalenteil Ausschlag ergab. Ein mit 32 Unterbrechungen pro Sekunde betriebenes Röntgenrohr (58 000 Volt) erzeugte in 13,5 cm Abstand einen Ausschlag von 30 bis 40 Skalenteilen.

Die bolometrische Methode lag den Versuchen von Schöps[3]), Rutherford und McClung[4]) und Angerer[5]) zugrunde. Die Maße der benutzten Bolometer sind aus der folgenden Zusammenstellung ersichtlich (Tabelle 1).

---

[1]) E. Dorn, Wied. Ann. **68**, 160 (1897). — [2]) W. Wien, Ann. d. Phys. **18**, 991—1007 (1905). — [3]) K. Schöps, Dissertation, Halle 1899. — [4]) E. Rutherford und R. K. McClung, Physik. Zeitschr. **2**, 53—55 (1900). — [5]) E. Angerer, Ann. d. Phys. **21**, 87 (1906).

Tabelle 1.

	Bolometerstreifen aus berußtem Pt			Be-strahlte Fläche	Galvanometer		
	Länge	Dicke	Breite		Wider-stand	Schwin-gungs-dauer	Empfind-lichkeit
	cm	mm	mm	qcm	Ohm	sec	Ampere
Angerer . .	250			122	2,8	5	$7,2 \cdot 10^{-10}$
Carter . . .	—	0,03	5.	227	5,9	—	7,5
Rutherford u. McClung	300			92,2	—	—	—

Zur Eichung des Bolometers benutzte **Angerer** die Schaltung der **Rubens-Paalzow** schen Doppelbrücke und heizte mit Strom-stößen wechselnden Vorzeichens genau im Takte der Röntgen-strahlen, um die Wärmeverluste in den beiden Brückenhälften nicht dadurch verschieden zu machen, daß die Energiezufuhr durch die Röntgenstrahlen auf den kurzen Zeitraum der Induktor-entladungen (etwa 10^{-4} Sekunden) zusammengedrängt ist, während der gewöhnlich benutzte Heizstrom sich kontinuierlich über längere Zeit erstreckt. Die Stromstöße wurden durch den aperiodischen Ladungs- und Entladungsstrom eines Kondensators (C) geliefert, der durch ein auf der Achse des Turbinenunterbrechers an-gebrachtes Schaltwerk abwechselnd auf bekannte Spannungen V gebracht und entladen wurde (Energie $= \frac{1}{2} C \cdot V^2$).

Tabelle 2.

Primärstrom des Induktors Ampere	Schlagweite einer Parallelfunkenstrecke cm	Röntgenstrahlenergie eines Entladungsschlages cal
1,1	1,2	$0,12 \cdot 10^{-5}$ [1])
1,5	1,7	0,35
1,95	3,0	1,05
2,5	5,0	2,2
2,8	7,0	4,7
3,9	—	8,5
4,15	14	12,5

[1]) Diese Zahlen sind wegen unvollkommener Absorption im Bolo-meter noch um 10 bis 25 Proz. zu erhöhen.

Einige Zahlen A n g e r e r s für ein technisches Rohr sind in der vorstehenden Tabelle 2 vereinigt.

Ein für Röntgenstrahlen geeignetes Radiometer hat B u m - s t e a d [1]) angegeben. Es besteht aus zwei 8 × 10 mm großen Al-Flügeln von 3,7 μ Dicke, die durch ein 4 mm langes Glasrohr verbunden sind. Zur Aufhängung dient ein 3 cm langer Quarzfaden, das Trägheitsmoment des drehbaren Flügelsystems beträgt 0,02 g.cm², und zur Nullpunktseinstellung dient ein kleiner Richtmagnet. Vor dem einen Flügel befindet sich das die Röntgenstrahlen absorbierende Metall, und die Empfindlichkeit des Radiometers beträgt bei dem günstigsten Druck von 3 bis 8 . 10⁻² mm

$$\text{Hg } 4 . 10^{-2} \frac{\text{erg}}{\text{sec . cm}^2} \text{ bei etwa 2 m Skalenabstand und 1 mm}$$

Ausschlag.

Ein Radiomikrometer nach dem Prinzip von B o y s hat A d a m s [2]) angewandt. Es besaß ein Kupfer-Constantan-Thermoelement, auf das zur Absorption der Röntgenstrahlen eine Platinscheibe von 14 μ Dicke und 1,9 mm Radius aufgelötet war. Die

$$\text{Empfindlichkeit betrug } 5,6 . 10^{-8} \frac{\text{cal}}{\text{sec . cm}^2} \text{ pro Millimeter Aus-}$$

schlag.

Alle fünf Methoden beruhen natürlich auf der Voraussetzung, daß die bei der Absorption der Röntgenstrahlen in Metallen erzeugte Wärmemenge wirklich der Energie der Strahlen entstammt, und nicht etwa der inneren Energie des Atoms, das unter der Einwirkung der Strahlen einen Zerfall analog dem der radioaktiven Prozesse erleidet. Einen solchen Atomzerfall glaubte B u m s t e a d im Anschluß an Überlegungen J. J. T h o m s o n s [3]) gefunden zu haben, indem er den beiden Al-Flügeln seines Radiometers je ein Fenster aus Pb und Zn gegenüberstellte und trotz gleicher Absorption der Röntgenstrahlen beim Pb ($D = 0,3$ mm) eine doppelt so große Erwärmung beobachtete, als beim Zn ($D = 0,81$ mm). Doch zeigte bald darauf A n g e r e r [4]) mittels einer Differentialthermosäule, daß Metallstreifen, die aus 0,75 mm

[1]) H. A. B u m s t e a d, Phil. Mag. 11, 292 (1906). — [2]) J. M. A d a m s, Proc. Amer. Acad. 42, 671—697 (1907). — [3]) J. J. T h o m s o n, Proc. Cambr. Soc. 13, 322—324 (1906). — [4]) E. A n g e r e r, Ann. d. Phys. 24, 370 (1907).

— 5 —

dickem Zinkblech und 0,27 dickem Bleiblech nach Art von Fur-
nieren zusammengelötet waren, keinen Unterschied der Erwärmung
ergaben, je nachdem die Pb- oder Zn-Schicht dem Röntgenrohr
zugewandt war. Da nun bei den gewählten Dicken der Bleche
die Röntgenstrahlen das eine Mal praktisch vollständig im Pb,
das andere Mal im Zn absorbiert wurden, während die spezifische
Wärme des furnierten Bleches sicher dieselbe blieb, so waren
damit Bumsteads Resultate stark in Frage gezogen, und in der
Tat hat Bumstead[1]) bald darauf seine Behauptungen zurück-
genommen. Die Radiometerversuche waren durch unsymmetrische
Wärmeleitungsverluste an Metallteilen verursacht, die zur Vermeidung elektrostatischer Störungen der Radiometerflügel erforder-
ich waren. Es liegt daher zurzeit kein Grund vor, an der Proportionalität zwischen absorbierter Strahlenenergie und der erzeugten
Wärme zu zweifeln.

Die Resultate der verschiedenen Beobachtungen sind in der
Tabelle 3 zusammengestellt.

Tabelle 3.

Beobachter	Energie der Röntgenstrahlen für einen Entladungsschlag des Induktors cal	Bemerkungen
Dorn 1897 . . .	1,8 bis 3,0 . 10^{-4}	Ohne Berücksichtigung von Absorptionsver-lusten in der Glas-wand des Rohres.
Schöps 1899 . .	2,0	
Rutherford und McClung 1900	1,9	
Angerer 1905 . .	bis zu 1,25	
Adams 1907 . . .	0,5	
W. Wien 1905 . .	0,47	59000 Volt, 82 Proz. Absorption berück-sichtigt.
Carter 1906 . . .	1,61	

10^{-4} cal ist also die Größenordnung der Röntgenstrahlenenergie,
die mit den üblichen technischen Instrumentarien bei einem
Entladungsschlag des Unterbrechers an einer Platinantikathode
auf der vorderen Halbkugel emittiert wird.

[1]) H. A. Bumstead, Phil. Mag. 15, 432—437 (1908).

Die Energie der Kathodenstrahlen ist sehr viel leichter, als die der von ihnen erzeugten Röntgenstrahlen zu messen. Man braucht nur die Antikathode als Kalorimeter zu verwenden, z. B. indem man das Antikathodenblech A den Boden eines mit Wasser gefüllten Glasrohres R bilden läßt[1]) (Fig. 1). So verfuhren W. Wien[2]), E. Carter[3]), Seitz[4]) u. a.

Durch gleichzeitige Messung der Röntgenstrahlenergie E_R und der Kathodenstrahlenergie E_K ist nun der Nutzeffekt der Röntgenstrahlerzeugung für Kathodenstrahlen von 58 700 Volt Geschwindigkeit von Wien zu $1{,}09 \cdot 10^{-3}$ erhalten. Dabei ist der Absorption der Strahlen in der Glaswand (32 Proz.) Rechnung getragen, soweit sie überhaupt die Glaswand des Rohres zu durchdringen vermögen.

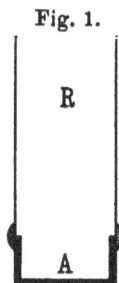

Fig. 1.

R

A

Der Nutzeffekt ist angenähert proportional der Spannung, durch die die Röntgenstrahlen erzeugt werden. Dies zeigt die Tabelle 4, der Zahlen von E. Carter und W. Seitz zugrunde liegen. Hier wie stets, wenn nicht das Gegenteil bemerkt, bezieht sich der Nutzeffekt $\frac{E_R}{E_K}$ nur auf die auf der Vorderseite der Antikathode emittierte Röntgenenergie. Diese ist, wie wir auf S. 51 f. sehen werden, nicht ganz die Hälfte der insgesamt erzeugten Energie.

Die Messungen von Seitz und Carter schließen sich nicht direkt aneinander an. Seitz mißt die Energie aller Röntgenstrahlen, die durch ein 0,00126 cm dickes Al - Fenster austreten können, E. Carter nur die Energie der Strahlen, die nicht in der etwa 1 mm dicken Glaswand des Rohres stecken bleiben. Soweit die Strahlen überhaupt austreten, ist der Absorptionsverlust in der Al- bzw. Glaswand berücksichtigt. Doch scheint der Energieanteil der weichen Strahlen, die bei E. Carter das Rohr überhaupt nicht verlassen, sehr erheblich zu sein, da bei Seitz

---

[1]) Diese Form der Antikathode ist von B. Walter angegeben, um die von den Kathodenstrahlen abgegebene Energie als Verdampfungswärme von siedendem Wasser abzuleiten. — [2]) W. Wien, Ann. d. Phys. 18, 991—1007 (1905). — [3]) E. Carter, ebenda 21, 955—971 (1906). — [4]) W. Seitz, Physik. Zeitschr. 7, 689 (1906).

Fig. 2.

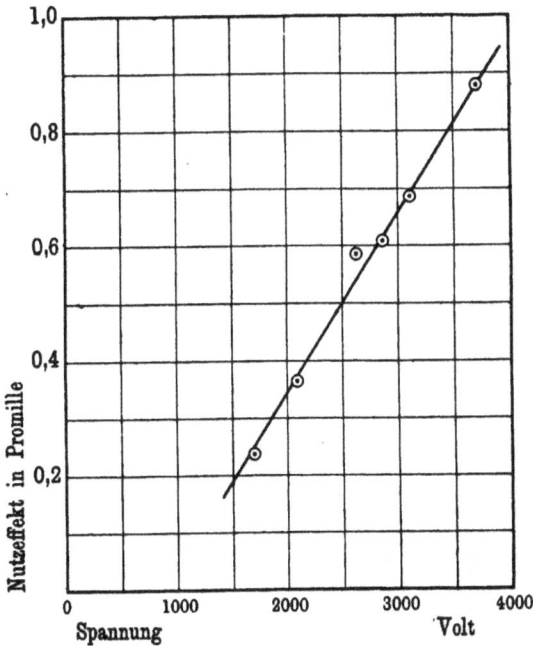

Tabelle 4.

	Spannung V	E_R/E_K = Nutzeffekt der Röntgenstrahlerzeugung an einer Pt-Antikathode
	Volt	·Promille
Seitz:	1 738	0,232 (Fig. 2)
	2 098	0,364
	2 635	0,582
	2 860	0,602
	3 130	0,686
	3 310	0,698
	3 700	0,882
Carter:	20 000	0,104 (Fig. 3)
	30 000	0,212
	40 000	0,317
	50 000	0,430
	60 000	0,536

schon Kathodenstrahlen von 3700 Volt das 8,5 fache des Nutzeffektes ergeben, den E. Carter bei 20 000 Volt erhält. Auch folgt dies aus der graphischen Darstellung der Carterschen Versuche in Fig. 3, in der die Kurve a schon bei 10 000 Volt die Abszisse

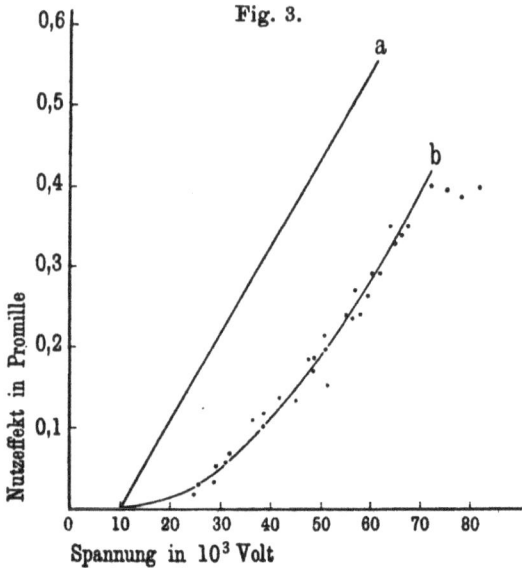

Fig. 3.

schneidet. Ferner ist aus der gekrümmten Kurve b der Verlauf des Nutzeffektes ohne Berücksichtigung der Glasabsorption und die Konstanz der Einzelwerte zu ersehen.

Ist, wie wir sehen, der experimentell bestimmte Nutzeffekt

$$\frac{E_R}{E_K} = a \cdot V \quad \cdots \cdots \cdots \quad (1)$$

so gilt auch

$$E_R = a \cdot e V^2 \quad \cdots \cdots \cdots \quad (2)$$

wenn e die Ladung des Elektrons bedeutet. Die kinetische Energie, die das Elektron durch die Spannung V erhält, ist nach der Relativtheorie

$$e V = m_0 c^2 \left\{ (1 - \beta^2)^{-1/2} - 1 \right\} \quad \cdots \cdots \quad (3)$$

und nach der Kugeltheorie

$$e V = m_0 c^2 \frac{3}{4} \left\{ \frac{1}{\beta} \log \frac{1 + \beta}{1 - \beta} - 2 \right\} \quad \cdots \cdots \quad (4)$$

wenn $\beta = \dfrac{v}{c}$ das Verhältnis der Geschwindigkeit v zur Lichtgeschwindigkeit c und m_0 die Masse des ruhenden Elektrons bezeichnet. Gleichung (2) und (3) zusammen geben:

$$E_R = \frac{a}{e} \cdot m_0^2 c^4 \left\{ (1 - \beta^2)^{-1/2} - 1 \right\}^2 \quad \ldots \ldots (5)$$

oder für kleinere Werte von v:

$$E_R = \frac{a}{4\,e} \cdot m_0^2 v^4 = a' v^4 \quad \ldots \ldots \ldots (6)$$

d. h. die Energie der Röntgenstrahlen steigt proportional der vierten Potenz der Kathodenstrahlgeschwindigkeit, solange β klein gegen 1 ist.

Whiddington[1]) hat kürzlich v, statt es aus dem Entladungspotential zu berechnen, durch magnetische Ablenkung gemessen und die Gültigkeit von Gleichung (6) für $v = 5 - 8,6 \cdot 10^9$ cm/sec bestätigt.

Ob es einen Grenzwert der Geschwindigkeit gibt, unterhalb dessen die Elektronen die Fähigkeit, Röntgenstrahlen zu erzeugen, verlieren, ist experimentell noch nicht entschieden.

Wehnelt und Trenkle[2]) haben einen intensiven Kathodenstrahl aus einer Wehneltschen CaO-Elektrode auf eine Tantalantikathode gerichtet und Röntgenstrahlen photographisch bei 1600, 1000 und 400 Volt nachgewiesen. Die Strahlen hatten Al-Fenster von 40, 40 und 4 μ Dicke zu durchdringen und erforderten Expositionszeiten von 6, 25 und 90 Minuten. Eine scharfe geometrische Schattenbildung bewies, daß es sich um Röntgenstrahlen und nicht um Elektronen handelt, die die Al-Folie durchdringen könnten.

Dember[3]) hat neuerdings Röntgenstrahlen bis herab zu 65 Volt nachweisen können, indem er lichtelektrisch erzeugte Elektronen elektrisch beschleunigte und gegen eine Platinplatte fallen ließ.

Von Zahl und Art der Induktorunterbrechungen scheint der Nutzeffekt nach Carter unabhängig zu sein.

[1]) R. Whiddington, Proc. Roy. Soc. 85, 323—333 (1911). — [2]) A. Wehnelt u. W. Trenkle, Ber. d. phys. med. Soc. Erlangen 37, 312—315 (1905). — [3]) Laut brieflicher Mitteilung, vgl. H. Dember, Verhandl. d. D. Phys. Ges. 13, 601—606 (1911).

Die Konstante der Gleichung (6) hängt vom Material der Antikathode ab. Schon Röntgen[1]) erkannte, daß $\dfrac{E_R}{E_K}$ an Platin größer ist als an Al, als er mit einer Lochkamera den Kathodenstrahlbrennfleck auf einer Antikathode, die halb aus Pt, halb aus Al bestand, photographisch abbildete. Kaufmann[2]) und Roiti[3]) stellten übereinstimmend fest, daß der Nutzeffekt mit wachsendem

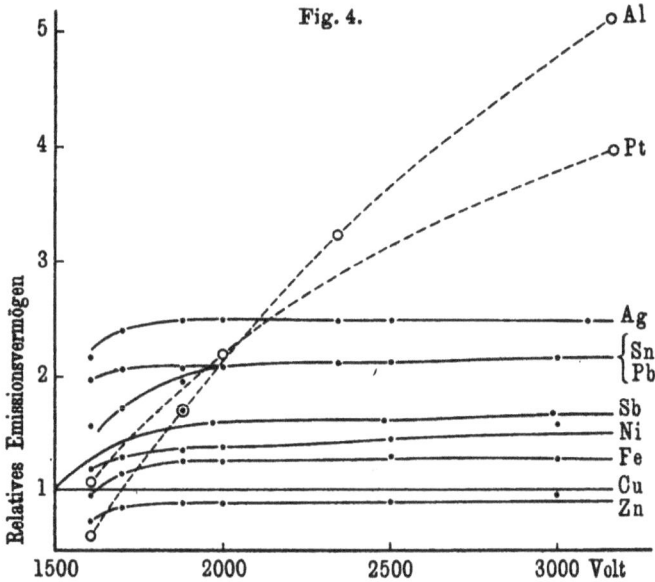

Fig. 4.

Atomgewicht in die Höhe geht, soweit er sich mit der photographischen Wirksamkeit der Strahlen ermitteln läßt. Auch sie benutzten eine Lochkamera und untersuchten 12 Metalle zwischen dem Atomgewicht 24 und 228. Kaye[4]) glaubte mit der Reihe

	Pb	Pt	Cu	Ni	Fe	Al	
E_R	206	189	66	62	57	26,5	in willkürlichen
Atomgewicht .	207	195	64	59	56	27	Einheiten

(E_R durch Ionisation gemessen, $V = 25\,000$ Volt)

---

[1]) W. C. Röntgen, II. Mitteilung. — [2]) W. Kaufmann, Verhandl. d. D. Phys. Ges. 16, 116—118 (1897). — [3]) A. Roiti, Phil. Mag. 45, 503—510 (1898). — [4]) G. W. C. Kaye, Proc. Cambr. Soc. 14, 236—245 (1908).

— 11 —

eine direkte Proportionalität zwischen E_R und dem Atomgewicht gefunden zu haben, doch liegen die Verhältnisse tatsächlich weniger einfach.

Whiddington hat kürzlich einige vorläufige Messungen über den Einfluß des Antikathodenmaterials auf die Ausbeute an Röntgenstrahlen angestellt. In der Fig. 4 sind als Ordinaten relative Werte für den Faktor a' der Gleichung (6) eingetragen, eine Beziehung zu anderen Atomgrößen ist aus diesen Zahlen noch nicht zu entnehmen.

Nur beweist der vollkommen parallele Verlauf der Kurven für Zn, Cu, Fe, Ni, Sb, Sn, Pb, Ag, daß a' eine Konstante ist. Der Verlauf der punktierten Kurven, verglichen unter sich und mit den anderen Werten, scheint dieser Behauptung allerdings durchaus zu widersprechen; aber wir werden im fünften Kapitel sehen, daß wir in diesem Falle gar nicht, oder nur zum geringsten Teile, die Energie der primär durch die Kathodenstrahlung erzeugten Röntgenstrahlen

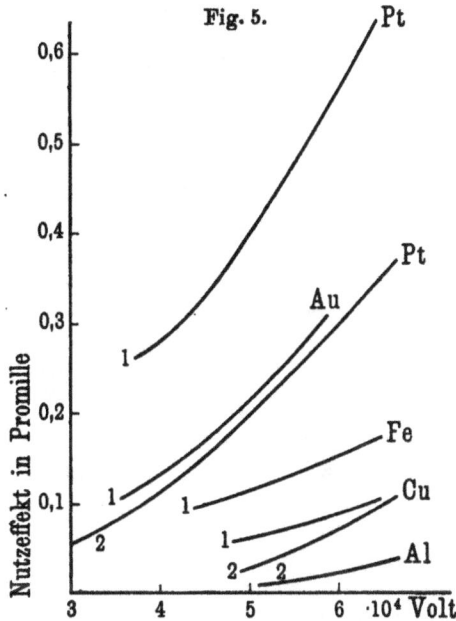

Fig. 5.

messen, sondern die Energie der sogenannten charakteristischen Sekundärstrahlung, die in dem Material der Antikathode durch die primären Strahlen hervorgerufen wird.

Whiddingtons Messungen geben, wie Fig. 4 zeigt, nur bis etwa 3000 Volt. Für erheblich höhere Spannung, nämlich 30000 bis 60000 Volt, hat E. Carter die Emissionsfähigkeit verschiedener Metalle miteinander verglichen. Die gemessenen Zahlen sind in der Fig. 5 graphisch dargestellt. Die Ordinaten geben in relativem Maße den außerhalb der Glaswand beobachteten Nutzeffekt der Röntgenstrahlerzeugung. Sie entsprechen also der Kurve b der Fig. 3; die

Absorptionsverluste in der Glaswand sind nicht berücksichtigt, und die mit 1 bzw. 2 bezeichneten Kurven sind mit zwei verschiedenen Röhren erhalten. Die Zahlen geben also kaum eine qualitativ richtige Reihenfolge für die verschiedenen Metalle, ganz abgesehen davon, daß bei der Höhe der benutzten Spannungen wahrscheinlich auch schon Cu, Au und Fe neben der primär erzeugten Röntgenstrahlung eine charakteristische Sekundärstrahlung emittieren.

Trotz des geringen Nutzeffektes der Röntgenstrahlerzeugung ist die Strahlungsleistung $\left(\dfrac{cal}{sec}\right)$ eines technischen Röntgenrohres recht erheblich. Die Strahlungsenergie pro Entladungsschlag des Induktors, nach Tabelle 3 ungefähr $3 . 10^{-4}$ cal, wird in rund $5 . 10^{-4}$ Sekunden verausgabt. Diese Zeit ist das Mittel aus den in der Tabelle 5 zusammengestellten Werten für die Emissionsdauer der Strahlen, wie sie häufig mit rotierenden photographischen Platten oder bewegten Blenden bestimmt ist.

Tabelle 5.

Beobachter	Emissionsdauer der Röntgenstrahlen bei Induktorbetrieb sec	Bemerkungen
A. Roiti 1896[1]) . . .	$< 160 . 10^{-5}$	
Fr. T. Trouton 1897[2])	10—120	
H. Morize 1898[3]) . .	8,2	4 Partialentladungen in
B. Brunhes 1900[4]) .	8	je $3,3 . 10^{-4}$ sec Abstand.
E. Collardeau 1901[5])	< 2	
E. Angerer 1905[6]) .	50	2 Partialentladungen, 3,3 bzw. $2 . 10^{-4}$ sec lang, in $7,7 . 10^{-4}$ sec Abstand.

Wir erhalten somit als Leistung $\dfrac{3 . 10^{-4}}{5 . 10^{-4}} = 0,6 \dfrac{cal}{sec}$. Bei 120 Entladungsschlägen des Induktors strahlt das Röntgenrohr insgesamt $120 . 5 . 10^{-4} = 0,06$ Sekunden und gibt $0,036 \dfrac{cal}{sec}$, d. h. eine

[1]) Rend. Linc. 5, 243. — [2]) Chem. News 74, 175. — [3]) Compt. rend. 127, 546. — [4]) Ebenda 130, 1007. — [5]) Soc. Franc. d. Phys., S. 113. — [6]) Ann. d. Phys. 21, 87.

Wärmemenge, wie sie die Sonne in einer Sekunde auf ein Quadratzentimeter der Erdoberfläche einstrahlt. Die zugehörige Kathodenstrahlenergie, die sich bei 2 Promille Nutzeffekt zu $18 \frac{cal}{sec}$ berechnet, dürfte beiläufig der Maximalwert sein, den man bei stundenlanger Dauerbelastung[1]) einer mit siedendem Wasser gekühlten Antikathode ·zuführen kann, ohne das Rohr in kurzer Zeit unbrauchbar zu machen.

Die Energie, die die Antikathode eines Röntgenrohres ausstrahlt, ist nicht gleichmäßig über die Halbkugel verteilt, wiewohl die Abweichungen bis zu einem Emissionswinkel von 80^0 unerheblich sind, wie bereits R ö n t g e n [2]) festgestellt hat. Die Intensitätsverteilung hängt ab von dem Absorptionskoeffizienten μ_1 der erzeugenden Kathodenstrahlen und μ_2 der erzeugten Röntgenstrahlen. Man kann sie leicht in erster Annäherung

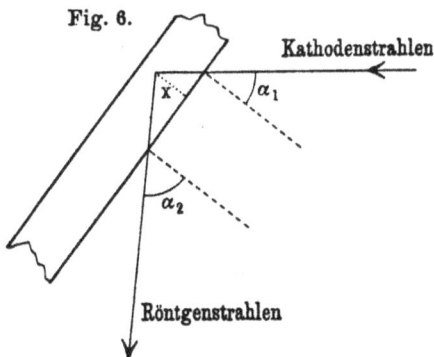

Fig. 6.

Kathodenstrahlen

Röntgenstrahlen

berechnen[3]), wenn man μ_1 und μ_2 als konstant, also Kathodenstrahlen wie Röntgenstrahlen als homogen betrachtet und weiter annimmt, daß sich die Röntgenstrahlen ohne die Absorption in der Antikathode nach allen Seiten gleichmäßig ausbreiten würden. Von diesen drei Voraussetzungen ist bei den üblichen technischen Röntgenrohren die zweite am wenigsten erfüllt. Haben α_1 und α_2 die aus der Fig. 6 ersichtliche Bedeutung, so beträgt die Röntgenenergie, die in der Tiefe x in einer Schicht von der Dicke dx erzeugt wird und unter dem Winkel α_2 austritt:

$$dJ_{R\alpha_2} = C \cdot e^{-\mu_1 \frac{x}{\cos \alpha_1}} \cdot e^{-\mu_2 \frac{x}{\cos \alpha_2}} \cdot dx \quad \ldots \quad (7)$$

wobei C vom Querschnitt und der Energie des Kathodenstrahlbündels sowie· dem Nutzeffekt der Röntgenstrahlerzeugung ab-

---

[1]) B. W a l t e r und R. P o h l, Ann. d. Phys. 29, 331 (1909). — [2]) W. C. Röntgen, III. Mitteilung. — [3]) C. E. G u i l l a u m e, Compt. rend. 123, 450—451 (1896); B. W a l t e r, Fortschr. a. d. Gebiete d. Röntgenstrahlen 11, 340 (1907).

— 14 —

hängt. Die gesamte unter dem Winkel α_2 emittierte Röntgenenergie ergibt sich dann durch Integration von $x = 0$ bis $x = \infty$ zu

$$J_{R\alpha_2} = C \frac{\cos \alpha_1 \cos \alpha_2}{\mu_1 \cos \alpha_2 + \mu_2 \cos \alpha_1} \quad \dots \dots (8)$$

oder in Prozenten der für $\alpha_2 = 0^0$ emittierten Strahlung:

$$J_{R\alpha_2} = \frac{100 \cos \alpha_2 (\mu_1 + \mu_2 \cos \alpha_1)}{\mu_1 \cos \alpha_2 + \mu_2 \cos \alpha_1} \quad \dots \dots (9)$$

Für ein mittelhartes technisches Röntgenrohr und eine Platinantikathode, auf die die Elektronen unter 45^0 auffallen, berechnet man mit den Werten $\mu_1 = 61\,600$ cm^{-1} und $\mu_2 = 1920$ cm^{-1} für verschiedene Emissionswinkel α_2 folgende Strahlungsintensitäten:

Emissionswinkel α_2	0	$22^1/_2$	45	$67^1/_2$	80	85^0
Strahlungsintensität J_R	100	99,8	99,1	96,7	90,7	81,7

Diese geringen und erst bei 80^0 10 Proz. erreichenden Abweichungen entziehen sich im allgemeinen der Beobachtung, da sie durch die Absorption der nicht überall gleich dicken Glaswand des Rohres verdeckt werden. Die Abweichungen wachsen mit abnehmender Härte des Rohres, und für eine sehr weiche Strahlung mit nur 8 mm Parallelfunkenstrecke hat Kaye[1]) eine Verteilung beobachtet, wie sie in dem Polardiagramm der Fig. 7 reproduziert ist. α_1, der Einfallswinkel der Kathodenstrahlen, erwies sich zwischen 0 und 60^0 ohne Einfluß, was für eine starke diffuse Zerstreuung der Elektronen im Inneren der Antikathode spricht.

Fig. 7.

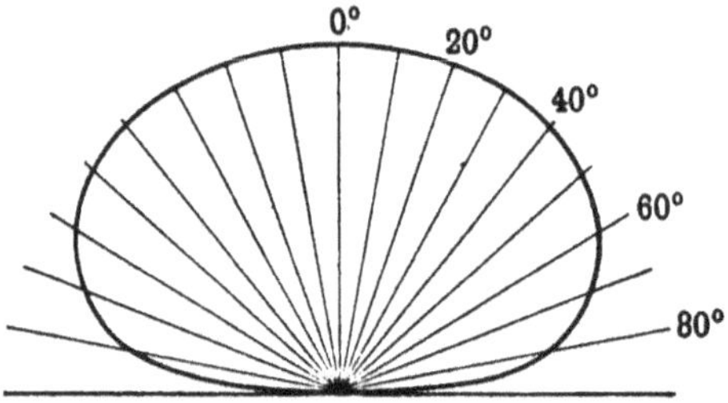

Die Röntgenstrahlerzeugung nimmt exponentiell mit wachsender Eindringungstiefe der Kathodenstrahlen ab, und die Dicke der emittierenden Schicht der Antikathode ist daher nicht begrenzt. Man kann jedoch einen mittleren Wert für die wirksame Schicht-

---

[1]) G. W. C. Kaye, Proc. Roy. Soc. 83, 189 (1909).

dicke erhalten, wenn man diejenige Tiefe x berechnet, die durch die Absorption der Röntgenstrahlen unter verschiedenen Emissionswinkeln die in der Fig. 7 dargestellte Verteilung verursacht, falls die gesamte Röntgenemission allein von einer Schicht in der Tiefe x ausgeht.

Bezeichnen wir mit J_{α_2} und J_{α_3} die Intensität der unter den α_2- und α_3-Winkeln emittierten Strahlung, wenn der Einfallswinkel der Kathodenstrahlen α_1 der gleiche bleibt, so gilt, wenn der Absorptionskoeffizient μ_2 der Strahlen im Material der Antikathode bekannt ist:

$$\left. \begin{array}{l} J_{\alpha_2} = k \cdot e^{-\frac{\mu_2 x}{\cos \alpha_2}}; \quad J_{\alpha_3} = k\, e^{-\frac{\mu_2 x}{\cos \alpha_3}} \\[2mm] lg\, \dfrac{J_{\alpha_2}}{J_{\alpha_3}} = \mu_2 x \left(\dfrac{1}{\cos \alpha_3} - \dfrac{1}{\cos \alpha_2} \right) \end{array} \right\} \quad \cdots \cdots (10)$$

W. R. Ham[1]) hat für $\mu_2 = 1150\,\mathrm{cm^{-1}}$ und 14 000 Volt Spannung die Zahlen der Tabelle 6 beobachtet und die mittlere Eindringungstiefe x berechnet.

Tabelle 6.

	Mittlere Eindringungstiefe der Elektronen in einer Pb-Antikathode cm
$J_{\alpha\,=\,45^0} : J_{\alpha\,=\,-15^0} = 0,983$	$4,1 \cdot 10^{-5}$
$J_{\alpha\,=\,60^0} : J_{\alpha\,=\,0^0} \;\;= 0,959$	$4,3$
$J_{\alpha\,=\,75^0} : J_{\alpha\,=\,15^0} = 0,909$	$4,1$

Die Übereinstimmung der mittleren Eindringungstiefe x, die sich aus verschiedenen Emissionswinkeln berechnet, ist gut, und es scheint nach Hams weiteren Messungen, daß x proportional der benutzten Spannung ansteigt (Tabelle 7).

Die Messungen sind elektroskopisch angestellt und das Röntgenrohr besaß für die verschiedenen Emissionsrichtungen Fenster genau gleicher Dicke (vgl. Fig. 31).

Es bedarf wohl kaum der Erwähnung, daß eine Antikathode nicht nur über die vordere, sondern auch über die hintere Halb-

---

[1]) W. R. Ham, Phys. Rev. 30, 96—112 (1910).

kugel ausstrahlt, falls μ_2 nicht allzu groß ist. Das hat ebenfalls schon Röntgen[1]) an einer Al-Antikathode festgestellt, und Seitz[2]) hat diese Tatsache kürzlich benutzt, um der Antikathode für physikalische Zwecke eine Form zu geben, bei der man fast den ganzen, 180° betragenden Emissionswinkel eines Röntgenrohres auf einer kleinen Fläche ausnutzen kann (Fig. 8).

Fig. 8.

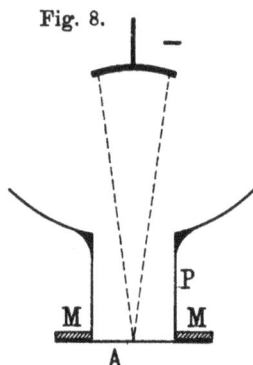

Tabelle 7.

Spannung Volt	Mittlere Eindringungstiefe cm
14 000	$4,2 \cdot 10^{-5}$
16 000	4,3
21 300	6,4
22 000	5,9

An das eingeschmolzene Platinrohr P ist mittels eines Messingflansches M ein mit Cu furniertes dünnes Al-Blech A angelötet. Der zentrale Teil des Cu ist ausgedreht und durch eine eingebrannte Platinschicht ersetzt, die zur Bremsung der auffallenden Kathodenstrahlen dient. Eine intensive Kühlung der Antikathode durch Wasserbehälter erlaubt es, die Antikathode wie die eines gewöhnlichen technischen Rohres zu belasten, und somit erscheint es möglich, in einigen Millimeter Abstand von der Außenseite dieser Antikathode die ganze über die Halbkugel emittierte Energie auf einen Quadratzentimeter zu konzentrieren, also nach S. 12 eine Röntgenstrahlung von der Größe der Solarkonstante $\left(0,035 \dfrac{\text{cal}}{\text{sec}}\right)$ zu erhalten.

---

[1]) II. Mitteilung. — [2]) W. Seitz, Verhandl. d. D. Phys. Ges. **11**, 505—507 (1909).

Zweites Kapitel.

Nach der heute fast allgemein angenommenen Anschauung von Stokes[1]), Wiechert[2]) und Thomson[3]) stellen die Röntgenstrahlen den Energieimpuls dar, den ein Elektron bei einer plötzlichen Geschwindigkeitsänderung aussenden muß. Nehmen wir an, ein Elektron von der Geschwindigkeit v_0 fliege bei A (Fig. 9) gegen eine Antikathode, und werde in der Zeit τ auf $v = 0$ gebremst. Dann herrscht — senkrecht zur Flugrichtung des Elektrons beobachtet — nach einer Zeit t außerhalb der Kugel 2 das stationäre elektrische und magnetische Feld des mit der Geschwindigkeit v_0 fliegenden Elektrons, innerhalb der Kugel 1 das elektrostatische Feld des ruhenden Elektrons. Zwischen 2 und 1 findet der Übergang der beiden Felder ineinander statt, und zwischen 2 und 1 befindet sich elektromagnetische Energie, die sich von A aus mit Lichtgeschwindigkeit in dem Raume fortpflanzt. Diese Energie, die das Elektron bei seiner Bremsung ausstrahlt, ist die Röntgenenergie. Ihr Betrag läßt sich nach einer zuerst von Abraham[4]) aufgestellten Formel berechnen, wenn man den Verlauf der longitudinalen Verzögerung $\dot{v}$ während der Bremszeit τ kennt. Es beträgt nämlich allgemein die Energie, die in der Zeit dt die Flächeneinheit in einem im Abstande r befindlichen Aufpunkte durchläuft:

$$dE_{R,\varphi} = \frac{1}{4\pi} \frac{e^2 \cdot \dot{v}^2}{c^3 r^2} \cdot \frac{sin^2 \varphi}{(1 - \beta \cos \varphi)^6} dt; \quad \beta = \frac{v}{c} \cdot \cdot (11)$$

wenn φ den Winkel zwischen r und der Flugrichtung des Elektrons bedeutet, den wir in unserer Fig. 9 zunächst mit 90^0 eingezeichnet haben. e ist das elektrische Elementarquantum in elektrostatischem Maße $= 4,7 . 10^{-10}$ cgs[5]) und c die Lichtgeschwindigkeit $= 3 . 10^{10} \frac{cm}{sec}$.

[1]) G. G. Stokes, Proc. Cambr. Soc. 9, 215 (1896). — [2]) E. Wiechert, Phys. ökon. Ges. Königsberg, S. 1—48 (1896). — [3]) J. J. Thomson, Phil. Mag. 45, 172—183 (1897). — [4]) M. Abraham, Ann. d. Phys. 10, 105 (1903); vgl. auch Lehrbuch, II. Band. — [5]) Eine Zusammenfassung der Messungsmethoden bei R. Pohl, Jahrb. d. Rad. und Elektron. 8, 406—439 (1911).

Den Abstand der beiden Kugelschalen nennt man die Impulsbreite der Röntgenstrahlen, die wir fortan in Analogie zur Wellenlänge in der Optik mit λ bezeichnen wollen [1]). Es ist ohne weiteres
aus der Gleichung (11) ersichtlich, daß zwischen der Energie eines
Röntgenimpulses und einer monochromatischen Lichtstrahlung kein
weiterer Unterschied besteht als der, der durch den zeitlichen Verlauf der Beschleunigung $\dot{v}$ bedingt ist, und der bei einem oszil-
lierenden, eine Spektrallinie emittierenden Elektron ein anderer ist
als bei unperiodischer Bremsung. Dieser Unterschied ist rein formal,
da man auch den Bremsimpuls in eine Fouriersche Überlagerung
von Sinusschwingungen zerlegen kann. Ein
Röntgenimpuls verhält sich zu einer homogenen elektromagnetischen Schwingung sehr
hoher Frequenz, wie in der Optik ein Impuls
des weißen Lichtes zu einer Spektrallinie oder
in der Akustik ein Knall zu einem Ton.

Fig. 9.

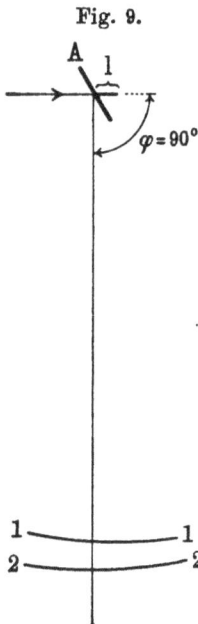

Die Größe der Impulsbreite ergibt sich als

$$\lambda = c\,\tau \quad \ldots \ldots \quad (12)$$

die Bremszeit ist, wenn wir geradlinig gleich-
förmige Verzögerung längs des Bremsweges l
annehmen:

$$\tau = \frac{2l}{v_0} \quad \ldots \ldots \quad (13)$$

und daher die Impulsbreite, senkrecht zur Flugrichtung des Elektrons ($\varphi = 90^0$) beobachtet:

$$\lambda = \frac{2lc}{v_0} \quad \ldots \ldots \quad (14)$$

Ohne daß wir über λ etwas zu wissen
brauchen, erklärt uns die Auffassung der
Röntgenstrahlung als einer Ätherstrahlung
ohne weiteres die Tatsache, daß die Röntgenstrahlen im Gegensatz zu den Korpuskularstrahlen der Gasentladung nicht die geringste magnetische Ablenkung erfahren. Die genauesten Versuche
in dieser Richtung stammen von B. Walter [2]). Sie seien hier kurz
beschrieben: Von den Strahlen eines Röntgenrohres R (Fig. 10)

---

[1]) Da der Abstand der beiden Kugelschalen nur einen Wellenberg
umfaßt, wäre vielleicht $\lambda/2$ vorzuziehen, doch ist die Bezeichnung λ
die allgemein übliche. — [2]) B. Walter, Ann. d. Phys. **14**, 99 (1904).

wird durch einen 2 mm weiten Platinspalt s_1 ein schmales Bündel
ausgeblendet. Es trifft nach 174 cm Abstand einen zweiten Spalt s_2,
durchläuft ein Magnetfeld H von 10 cm Länge und 19 000 Gauß
und fällt nach einem weiteren Wege von 152 cm auf eine photographische Platte P. Auf dieser wird ein Bild mit Kernschatten
und Halbschatten erzeugt, wie es dem fehlerfreien geometrischen
Strahlengange entspricht. Die Breite des Kern- sowie des Halbschattens läßt sich außerordentlich scharf bestimmen, denn das
Auge sieht nach einer von Mach entdeckten und von Wind[1])
näher untersuchten optischen Täuschung die Grenze des dunklen
Kernschattens gegenüber dem Halbschatten und des Halbschattens

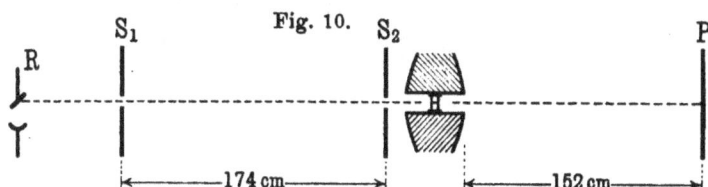

Fig. 10.

gegenüber dem hellen Grunde durch eine ganz scharfe schwarze
bzw. weiße Linie markiert. Auf diese Weise bestimmt Walter
die Gesamtbreite des geometrischen Bildes erst bei unerregtem
Magnetfeld und dann bei einer Feldstärke von 19 000 Gauß, deren
Richtung nach der Hälfte der Expositionszeit kommutiert wird.
Die Tabelle 8 gibt die Zahlen:

Tabelle 8.

	Gesamtbreite des Bildes in mm						Mittel
Ohne Feld	0,573	0,591	0,580	0,567	0,600	0,561	0,578
± 19 000 Gauß . .	0,569	0,576	0,590	0,577	0,578	0,570	0,577

Ebenso findet Walter die Breite des Kernschattens ohne
Feld zu 0,254 mm, mit dem Feld zu 0,253 mm, und unter Berücksichtigung der geometrischen Dimensionen des Apparates folgt
aus der Meßgenauigkeit von 1 μ, daß ein Wert für das Produkt
der Feldstärke H und Krümmungsradius ϱ $H\varrho < 1{,}1 . 10^{11}$ cgs
nicht möglich ist. Dieser Wert ist von einer erheblich höheren

---

[1]) C. H. Wind, Amsterd. Akad., 24. Juni 1898.

2*

Größenordnung als bei den schnellsten bisher bekannten Korpuskularstrahlen 10^4 an β-, 10^5 an α-Strahlen, und damit ist eine elektrisch geladene Korpuskularstrahlung praktisch ausgeschlossen.

Versuchen wir nun, ob die Abrahamsche Gleichung den im ersten Kapitel angeführten Zusammenhang zwischen der Röntgenenergie und der Kathodenstrahlgeschwindigkeit richtig wiedergibt. Zu diesem Zwecke integrieren wir die Gleichung (11) über die ganze Kugel und erhalten dadurch für die Energie, die insgesamt während der Zeit dt emittiert wird:

$$d\,E_R = \frac{2}{3} \cdot \frac{e^2\,\dot{v}^2}{c^3} \cdot \frac{1}{(1-\beta^2)^3}\,dt \quad \ldots \ldots \text{(15)}$$

$\dot{v}$ ist bei der Annahme geradlinig gleichförmiger Verzögerung $\dfrac{v_0}{\tau}$, und daher ergibt sich als die Energie eines Impulses von der Breite $\lambda = c\,\tau$:

$$E_R = \frac{2}{3}\,\frac{e^2\,v_0^2}{c^3\,\tau} \quad \ldots \ldots \ldots \text{(16)}$$

wenn wir β als klein gegen 1 annehmen dürfen. Nach der Gleichung (6) ist experimentell:

$$E_R = a'.v_0^4 \quad \ldots \ldots \ldots \text{(6)}$$

und wir finden, daß die Bremszeit

$$\tau = Const\,\frac{1}{v_0^2} \quad \ldots \ldots \ldots \text{(17)}$$

und nach Gleichung (13) der Bremsweg

$$l = Const\,\frac{1}{v_0} \quad \ldots \ldots \ldots \text{(18)}$$

sein soll.

Wir bekommen also für die größere Geschwindigkeit die kleinere Bremszeit und den kleineren Bremsweg, und das ist ein auf den ersten Blick höchst unwahrscheinliches Resultat. Denn wir sahen oben, daß die mittlere Eindringungstiefe der Elektronen in die Antikathode proportional v_0^2 zunimmt, und eine von Thomson[1]) aufgestellte, von v. Baeyer[2]) u. a. bestätigte Formel ergibt

---

[1]) J. J. Thomson, Cond. of Elect. throug Gases, 2. Auflage, S. 378. — [2]) O. v. Baeyer, Physik. Zeitschr. 13, 485 (1911); vgl. auch W. Wilson, Proc. Roy. Soc. 84, 141 (1910) und R. Whiddington, Proc. Cambr. Soc. 16, 321 (1911).

sogar, daß die Wegstrecke, auf der ein Elektron von der Geschwindigkeit v_0 auf 0 heruntergeht, v_0^4 proportional sei.

Ohne uns irgend welche näheren Vorstellungen vom Bau des Atoms zu machen, müssen wir aus Gleichung (17) den Schluß ziehen, daß Elektronen verschiedener Geschwindigkeit in Teile des Atominneren eindringen, die durch verschiedene Größe des verzögernden Feldes unterschieden sind. Wir kommen auf eine formale Deutung der Gleichung (17) auf der S. 130 zurück, während man eine Berechnung der Feldverteilung, etwa eines exponentiellen Kraftgesetzes, im Inneren des Atoms von einer Kombination der Gleichung (15) und (6) nicht erwarten kann, solange nicht die Gestalt des Impulswellenberges bekannt ist.

Einstweilen kann man die Kombination der Gleichungen (16) und (6) benutzen, um einen Wert für die Größenordnung von τ und somit auch von λ und l zu berechnen. Haben wir den Nutzeffekt $\dfrac{E_R}{E_K} = B$ beobachtet, so ist

$$E_R = \frac{m_0}{2} \cdot B \cdot v_0^2 \quad \ldots \ldots \ldots \quad (19)$$

und dies, sowie $\tau = \dfrac{\lambda}{c}$ in Gleichung (16) eingesetzt, gibt

$$\lambda = \frac{1}{B} \cdot \frac{4}{3} \cdot \frac{e^2}{m c^2} \quad \ldots \ldots \ldots \quad (20)$$

oder

$$\lambda = \frac{1}{B} \cdot 3{,}55 \cdot 10^{-13}\,\text{cm} \quad \ldots \ldots \quad (21)$$

wenn man $\dfrac{e}{m} = c \cdot 1{,}7 \cdot 10^7$ und $e = 4{,}7 \cdot 10^{-10}$ elektrostatische Einheiten annimmt. Einen Nutzeffekt von $2 \times 1{,}1$ Prom., wie ihn Wien bei 59 000 Volt für die Emission über die ganze Kugel beobachtet hat, entspricht dann

$$\lambda = 1{,}6 \cdot 10^{-10}\,\text{cm}.$$

W. Wien, von dem diese Bestimmung von λ stammt, legte die Formeln zugrunde, die β nicht gegen 1 vernachlässigen, d. h. er geht von Gleichung (15) statt (16) aus, berechnet v_0 für $V = 58\,700$ Volt gesondert aus Gleichung (4) zu $1{,}38 \cdot 10^{10}\,\dfrac{\text{cm}}{\text{sec}}$ und erhält:

$$\lambda = \frac{1}{B} \cdot \frac{1}{V} \cdot \frac{v_0^2\, e}{12\, c^2} \left\{ \frac{2 + 3(1 - \beta^2)}{(1 - \beta^2)^2} + \frac{3}{2\beta}\, lg\, \frac{1+\beta}{1-\beta} \right\} \quad \ldots \quad (22)$$

oder numerisch für die Impulsbreite etwas weniger, als aus der Näherungsformel, nämlich:

$$\lambda = 1{,}15 \cdot 10^{-10}\,\text{cm}.$$

Der zugehörige Bremsweg ist nach Gleichung (14):

$$l = 2{,}4 \cdot 10^{-9}\,\text{cm}.$$

Der Durchmesser eines Platinatoms beträgt $1{,}5 \cdot 10^{-8}$ cm, und angesichts der Tatsache, daß Kathodenstrahlen der benutzten Geschwindigkeit noch durch 10^{-5} cm Platin nach Lenards Versuchen in erheblicher Zahl hindurchgehen, erscheint die Länge l des Bremsweges kleiner, als man erwarten sollte. Aber selbst, wenn man für l das Zehnfache des Atomdurchmessers in die Gleichung (14) einsetzen würde, käme man stets noch zu Impulsbreiten, deren periodische Komponenten zwei andere charakteristische Eigenschaften der Röntgenstrahlen, das Fehlen jeder Brechung an der Grenze zweier Medien und den geringen Absorptionskoeffizienten μ in Metallen erklären würden.

Für durchsichtige Medien läßt sich der optische Brechungsindex empirisch, wie theoretisch, nach der Ketteler-Helmholtzschen Dispersionstheorie in der Form

$$n^2 = 1 + a\lambda^2 + \frac{b\lambda^4}{\lambda^2 - \lambda_1^2} + \cdots \quad \cdots \quad (23)$$

darstellen; und man sieht, daß für kleine λ $n = 1$ wird, also die Brechung verschwindet. In der Tat ist es trotz vieler Versuche nicht gelungen, eine Brechung der Röntgenstrahlen nachzuweisen. $n - 1$ ist nach Versuchen von B. Walter[1]) an Diamant sicher kleiner als 0,0002, und nach Gouy[2]) an keiner Substanz größer als 0,00002, und es ist anzunehmen, daß sich diese Grenzwerte mit der inzwischen vervollkommneten Technik noch weiter heruntersetzen lassen würden. Aus diesem Fehlen der Brechung und der Form der optischen Dispersionsgleichung haben van der Waals[3]), Raveau[4]), Maltézos[5]) u. a. schon 1896 eine Identität der Röntgenstrahlen mit äußerst kurzwelligem Lichte gefolgert.

---

[1]) B. Walter, Naturw. Rundschau **11**, 322—323 (1896). — [2]) Gouy, Compt. rend. **122**, 1196; **123**, 43 (1896). — [3]) van der Waals, Versl. K. Ak. v. Wet. **4**, 293 (1896). — [4]) C. Raveau, l'Éclair Electr. **6**, 249 (1896). — [5]) G. Maltézos, Compt. rend. **122**, 1115 (1896).

Ebenso wie der von 1 nicht merklich verschiedene Brechungsindex steht auch der geringe an Röntgenstrahlen beobachtete Absorptionskoeffizient, der im sechsten Kapitel näher behandelt wird, mit einer sehr geringen Wellenlänge im Einklang.

Holtsmark[1]) hat die Formeln der Metalloptik für sehr kleine Werte von λ vereinfacht und die Beziehung:

$$\lambda = 2\pi cm\sqrt{\frac{\mu' c}{k}} = 3,2.10^{16}\, m\sqrt{\frac{\mu'}{k}}\ \text{cm} \ . \ . \ . \ (24)$$

abgeleitet. Hierin bedeutet c die Lichtgeschwindigkeit, $\mu' = \dfrac{\mu}{2}$ den Absorptionskoeffizienten der Amplitude in cm^{-1}, m ist der Masse des Dispersionselektrons proportional und k dem der Geschwindigkeit des Elektrons proportionalen Reibungskoeffizienten[2]).

m und k hat Holtsmark für eine Reihe verschiedener Metalle aus den optischen Konstanten im Sichtbaren berechnet. Einige seiner Zahlen stehen in der Tabelle 9 zusammen mit beobachteten Werten für den Absorptionskoeffizienten μ' und der Größe von k, wie sie die Gleichung (24) ergibt.

Tabelle 9.

Metall	m	k	$\dfrac{\mu}{2}$	λ
Pt	$3,8.10^{-33}$	$2,2.10^{-17}$	$330\ \text{cm}^{-1}$	$4,8.10^{-7}\ \text{cm}$
Ag	15,7	0,44	95	23,7
Al	5,0	1,1	1,75	3,5

Die Zahlen der beiden letzten Spalten zeigen, daß selbst Impulsbreiten von einem Mehrfachen des Atomdurchmessers ausreichen würden, um die Durchlässigkeit der Metalle der Größenordnung nach durch die optische Dispersionstheorie der Metalle zu rechtfertigen.

Eine wirkliche Messung der Impulsbreite wäre für die Kenntnis der Röntgenstrahlen von großer Bedeutung. Man hat schon häufig versucht, an Röntgenstrahlen eine der Beugung des Lichtes analoge Erscheinung aufzufinden, um dann aus der Abweichung von

---

[1]) G. Holtsmark, Ann. d. Phys. **10**, 522 (1903). — [2]) Vgl. P. Drude, Lehrbuch der Optik, Kap. II, V, Gl. (1) und (39).

dem reinen geometrischen Strahlengang eine Wellenlänge oder eine Impulsbreite zu berechnen.

Haga und Wind[1]) haben 1902 — von älteren Arbeiten dieser und anderer Autoren wollen wir hier absehen — eine Anordnung angewandt, die in der Fig. 11 veranschaulicht ist. s_1 ist ein Spalt mit parallelen Backen von $15\,\mu$ Abstand, s_2 ein keilförmiger Spalt aus Platin, der sich bei 4 cm Länge von $27\,\mu$ Weite bis zu vollständigem Schluß verjüngt, und P ist eine photographische Platte. $s_1 s_2$ und P sind auf einem festen eisernen Doppel-T-Träger montiert, und der Abstand $s_1 s_2$ und $s_2 P$ beträgt je 75 cm. Das auf der Platte entstehende Bild wurde unter dem Mikroskop ausgemessen, und die von Haga und Wind an drei verschiedenen Aufnahmen gefundenen Zahlen sind in der Fig. 12 graphisch dargestellt. Bei der Exposition von A und C waren überwiegend

Fig. 11.

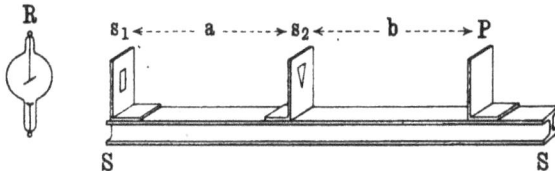

weiche, bei B überwiegend harte Röntgenstrahlen benutzt. Die Abszisse enthält die Werte des keilförmigen Spaltes s_2, die der jeweilig gemessenen Breite des Bildes entspricht. Diese Zahlen ergeben, wie ohne weiteres ersichtlich, zunächst ein keilförmiges Bild bis herab zur Spaltweite $7\,\mu$, und dann plötzlich einsetzend eine ganz enorme Verbreiterung des Bildes. Auch das Auge sieht diese Verbreiterung des unteren Spaltbildes, wenn man die Originalbilder auf das 17fache vergrößert, wie dies in der Fig. 13 geschehen ist. Handelte es sich bei den hier von Haga und Wind ausgemessenen Grenzen des Bildes wirklich um die Grenzlinien absolut gleicher Strahlungsintensität, so ergäbe das den Beweis, daß die Röntgenstrahlen genau das gleiche Beugungsbild ergeben wie das periodische Licht in der Optik, und man könnte λ nach der Gleichung

$$s_2 = 0{,}65\sqrt{b\lambda} \quad \ldots \ldots \ldots \quad (25)$$

---

[1]) H. Haga u. O. H. Wind, Ann. d. Phys. **10**, 305 (1903).

berechnen, wo s_2 die Spaltweite bedeutet, bei dem die Linien absolut gleicher Intensität von der geometrischen Keilform nach außen abzuweichen beginnen. Aber diese ganze Verbreiterung ist nur scheinbar, sie beruht, wie Walter und Pohl[1]) gezeigt haben, auf einer optischen Täuschung. Um sich hiervon zu überzeugen, hat man nur auf ein Stück weißes Papier einen geradlinigen schwarzen Strich von etwa 0,25 mm Breite zu ziehen und

Fig. 12.

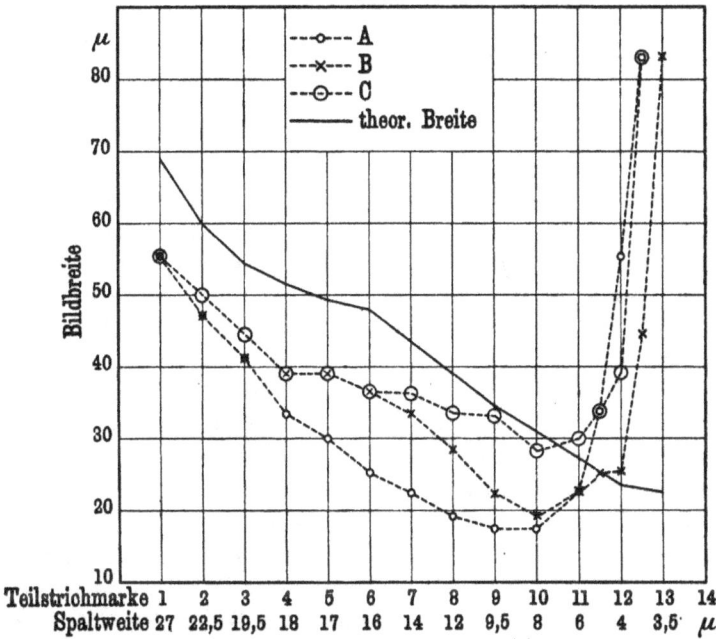

auf diesen eine Vergrößerung des Haga und Windschen Originalbildes zu legen, die das Spaltbild weiß auf dunklem Grunde wiedergibt. Der schwarze Strich muß dabei möglichst durch die Mitte des Bildes — bis zu seinem letzten Ende hin — gehen, und ferner die Platte etwas an das Papier angedrückt werden. Die pinselartige Verbreiterung des letzten Endes dieses Bildes ist dann sofort spurlos verschwunden, während demgegenüber der entsprechende Randschleier in den oberen Teilen des Bildes mit

---

[1]) B. Walter u. R. Pohl, Ann. d. Phys. **25**, 715 (1908).

solcher Deutlichkeit hervortritt, daß das Bild auch ohne Messung
hier erheblich breiter erscheint als unten. Der Grund der optischen Täuschung ist natürlich eine Kontrastwirkung. Der schwache
Randschleier des Bildes tritt neben dem in der Fig. 13 schwarzen
zentralen Teil des Bildes zurück, wird aber unten, wo der dunkle
Kern fehlt, in seiner ganzen Breite mitgemessen. In Übereinstimmung mit dieser Erklärung steht die Tatsache, daß die
scheinbare Verbreiterung gerade bei einer Spaltweite von 7,5 μ
beginnt, d. h. an der Stelle, bei der nach den geometrischen Ab-
messungen des Apparates der Kernschatten des Bildes verschwindet
$$\left(s_2 = \frac{1}{2} s_1\right).$$

Man erhält also von einem keilförmigen Spalt wieder ein
keilförmiges Röntgenbild, wenn man es vermeidet, wie Haga und
Wind den Grenzlinien subjektiv oder relativ zur Bildmitte gleicher
Intensität zu folgen. Leider kann man den Haga und Windschen Aufnahmen nicht mit Sicherheit entnehmen, bis herab zu
welcher Weite des keilförmigen Spaltes eine Abbildung erhalten
bleibt, die ein keilförmiges Bild ergibt. Der Grund der Unsicherheit liegt in der Ausmessung der Weite des Spaltes s_2. Diese ist
in der Weise ausgeführt, daß die Platte P dem Spalt s_2 auf wenige
Millimeter Abstand genähert und das erhaltene Bild unter dem
Mikroskop ausgemessen wurde. Man erhält auf diese Weise zu
große und von der Expositionsdauer der Platte abhängige Werte.
Walter und Pohl haben einen unter dem Mikroskop direkt ausgemessenen Spalt, der sich von 7 auf 1 μ verjüngte, in der gleichen
Weise wie Haga und Wind abgebildet. a war $= 75$, $b = 0,6$ cm,
und die Strahlenenergie wurde durch die Weite des Spaltes s_1
variiert. In der folgenden Tabelle 10 bedeutet Bo die obere, Bu
die untere Breite des Bildes und das Produkt $s_1 i t$ die auf die
Platte entfallende Röntgenenergie ($t =$ Zeit, $i =$ Milliampere in
der Röhre bei konstanter Härte).

Tabelle 10.

s_1	7	100	100	100	400 μ
$s_1 i t$	3360	6500	7800	9300	20 000
Bo	10	12	12	13	14 μ
Bu	4	5	6	7	8 μ

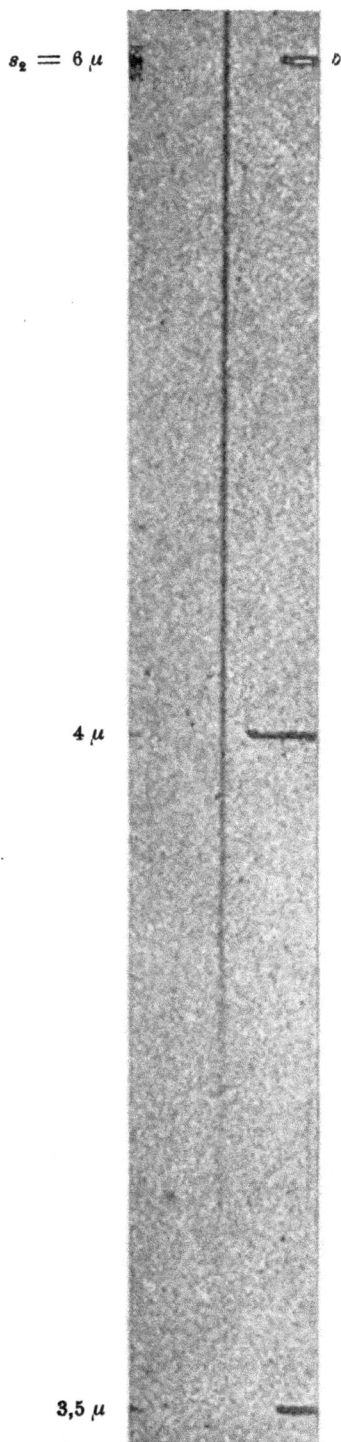

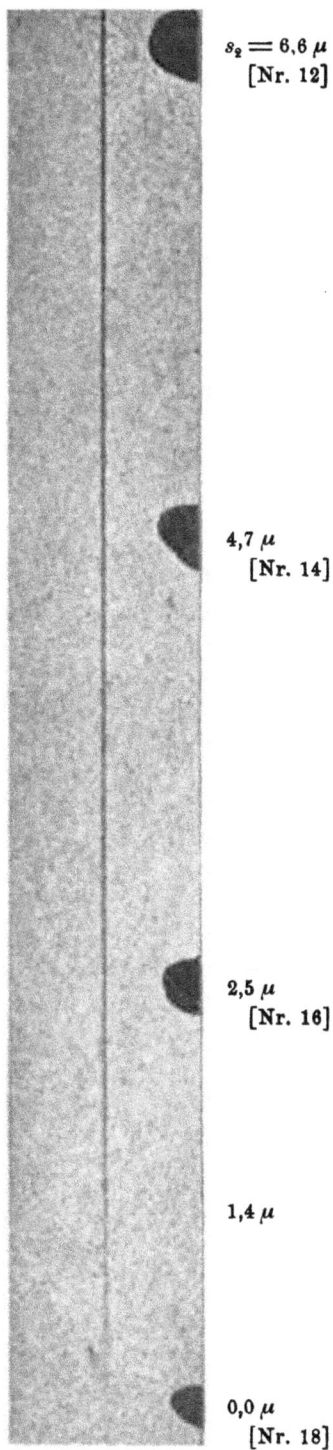

Fig. 13.
Fig. 14.

$s_2 = 6\,\mu$

o

$s_2 = 6{,}6\,\mu$
[Nr. 12]

$4{,}7\,\mu$
[Nr. 14]

$4\,\mu$

$2{,}5\,\mu$
[Nr. 16]

$1{,}4\,\mu$

$3{,}5\,\mu$

$0{,}0\,\mu$
[Nr. 18]

Man sieht, daß von einer adäquaten Abbildung des Spaltes zur Bestimmung seiner Weite nicht die Rede sein kann, alle Bilder sind um ein längs der Spaltlänge konstantes additives Stück verbreitert, das schon bei der geringsten Expositionszeit $3\,\mu$ beträgt und bei der sechsmal größeren Expositionszeit auf $7\,\mu$ ansteigt, während die auf $400\,\mu$ vergrößerte Breite von s_1 noch nicht $1\,\mu$ erklären würde.

Fig. 15.

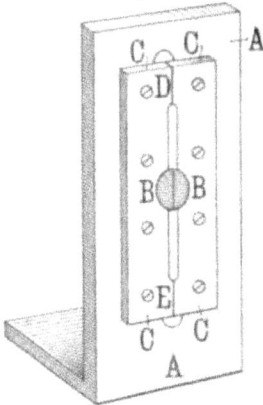

Später haben dann Walter und Pohl[1]) versucht, die Grenze der Abbildung durch die Röntgenstrahlen festzustellen. Die Anordnung glich im Prinzip der Fig. 11. Die Abstände a und b wurden $= 80$ cm gewählt, die Werte von s_1 auf $6\,\mu$ heruntergesetzt und s_2 verjüngte sich von $20\,\mu$ auf 0 mm. Die 20 mm langen Spaltbacken B (Fig. 15) bestanden aus Platin, dessen Dicke bei s_1 1 mm und bei s_2 0,4 mm betrug. Ihre Flächen waren optisch spiegelnd poliert und standen dank ihres Herstellungsverfahrens senkrecht auf der geschliffenen Fläche A ihres Trägers. Die Vertikal- und Tiefenausrichtung beider Spalte wurde sorgfältig ausgeführt und die Ausmessung der Spalte geschah auf beiden Seiten unter dem Mikroskop bei 230- bis 550 facher Vergrößerung.

Das beste von den erhaltenen Bildern ist in Fig. 14 in seinem letzten Ende in 17 facher Vergrößerung mit Angabe der zugehörigen Spaltweite reproduziert. Bis herab zu $s_2 = 2\,\mu$ ist für das Auge keine Abweichung vom geometrischen Strahlengang zu erkennen. Erst bei etwa $2\,\mu$ wird das Bild so schwach, daß die optische Täuschung der pinselartigen Verbreiterung auftritt. Die wirkliche Ausmessung der Bildbreiten stößt auf erhebliche Schwierigkeiten, die in dem störenden Einfluß des Plattenkornes auf die Schärfe des Bildrandes begründet sind. In den Fig. 16 und 17 sind zwei 72 fache Vergrößerungen des Spaltbildes reproduziert, wie sie einer Weite des keilförmigen Spaltes s_2 von 10,9 bzw. $2,5\,\mu$ entsprechen. Wir sehen schon bei Fig. 16 durchaus kein

---

[1]) B. Walter u. R. Pohl, Ann. d. Phys. **29**, 331—354 (1909).

Bild mit geradlinigen Kanten, sondern der Rand des Bildes weist nach beiden Seiten zackige Struktur auf. Die Silberteilchen haben sich am Rande derart ausgeschieden, daß sie sich im Verein mit dem Korn des Plattengrundes bald in Form größerer Zacken nach außen anlagern, bald nach innen vorspringend vom Silber entblößte Zacken entstehen lassen. Mißt man jetzt die gesamte Breite des Bildes einschließlich aller ihm nach außen angelagerten Zacken — von Plattenfehlern natürlich abgesehen — so erhält man ein zu großes Bild, mißt man lediglich den lückenlos geschwärzten Teil des Bildes, indem man alle nach innen vorspringende Ecken ausschließt, so erhält man ein zu schmales

Fig. 16.   Fig. 17.

Bild; doch wird das Mittel beider mit beträchtlicher Annäherung die Größe der nach innen und außen sich erstreckenden Zacken eliminieren, und dieses Bild sei als „wahre" Bildbreite bezeichnet. Der Unterschied der „äußeren" und der „inneren" Bildbreite beträgt schon bei den $s_2 = 11\,\mu$ entsprechenden Teilen des Bildes $15\,\mu$ oder etwa 1 mm in der Fig. 16. Es ist jedoch aus subjektiven Gründen zu erwarten, daß diese Differenz beider Bilder mit abnehmender Intensität des Bildes noch größer wird, denn je weniger dicht die Silberteilchen des Bildes gelagert sind, desto eher vermag das Korn der Platte durch Bildung von nach außen und innen überstehenden Zacken die wahre Bildbreite zu verdecken. Das ist in der Tat der Fall. Die Differenz beider Bildbreiten nimmt unterhalb der Spaltweite $s_2 = 3\,\mu$ sehr stark zu, d. h. in dem Intervall, in dem nach einer einfachen geometrischen Betrachtung die Intensität des Bildes stark abfällt.

In der folgenden Tabelle 11 sind die mikroskopischen Ausmessungen dieses Beugungsbildes wiedergegeben.

Tabelle 11.

Weite des Spaltes μ	Äußere Bildbreite μ	Innere Bildbreite μ	Wahre Bildbreite w μ	Geometrische Bildbreite x μ	$w - x$ μ
19,6	51	34	43	45	— 2
16,3	42	27	35	39	— 4
13,8	36	27	32	34	— 2
10,9	33	24	29	28	+ 1
9,0	31	21	26	24	+ 2
6,6	26	13	20	19	+ 1
4,7	25	6	16	15	+ 1
2,5	25	0	13	11	+ 2
1,4	25	—	< 13	9	$< + 4$

Als geometrische Bildbreite x ist die Breite eingetragen, die man bei einem rein geometrischen Strahlengang berechnet, und aus der letzten Spalte sieht man, daß die gemessenen Grenzen des Bildes keine Abweichungen gegenüber einer Keilform ergeben, abgesehen nur von der Spaltweite $s = 1,4\,\mu$, bei der man die innere Bildbreite nicht bestimmen kann, da diese schon bei $s_2 = 2,5\,\mu = 0$ geworden ist. Bis herab zu $s_2 = 2\,\mu$ tritt also keine dem Licht analoge Verbreiterung des Bildes auf, die Linien absolut gleicher Strahlungsintensität biegen nicht nach außen aus und daraus würde nach der Formel (25) folgen, daß keine periodische Strahlung von $\lambda \geqq 1{,}2.10^{-9}$ cm vorhanden ist.

Nun hat man aber, wie zuerst Sommerfeld[1]) gezeigt hat, bei einem Röntgenimpulse im Gegensatz zum periodischen Licht keine Verbreiterung des Beugungsbildes, d. h. keine seitliche Abweichung der Linien absolut gleicher Intensität zu erwarten, sondern die Linien absolut gleicher Intensität bleiben Gerade und rücken nur weiter von der Mittellinie ab, als es dem

---

[1]) A. Sommerfeld, Physik. Zeitschr. 2, 55 (1900).

geometrischen Strahlengange für $\lambda = 0$ entspricht. Das wird des näheren durch die Fig. 18 erläutert. Die beiden Geraden $g'' O$ und $g' O$ geben das Bild, das ein Spalt s_2 ergibt, falls auf ihn ein Röntgenimpuls mit unendlich kleiner Breite und ebener Impulsfront auffällt, und die Helligkeit innerhalb des Dreieckes $g'' O g'$ ist konstant.

Hat jedoch der Impuls eine endliche Breite, so rücken die äußeren Grenzen des Bildes nach außen, der untere spitze Winkel wird durch gebogene Kurven ersetzt, und man erhält im Innern des Bildes eine Intensitätsverteilung, wie sie durch die Linien gleicher Helligkeit J dargestellt ist. Die beigefügten Zahlen geben die Intensität, bezogen auf die des einfallenden Impulses als Einheit. Um diese Intensitätsverteilung unabhängig von der absoluten Größe des Impulses darzustellen, ist an der Ordinate die Breite des

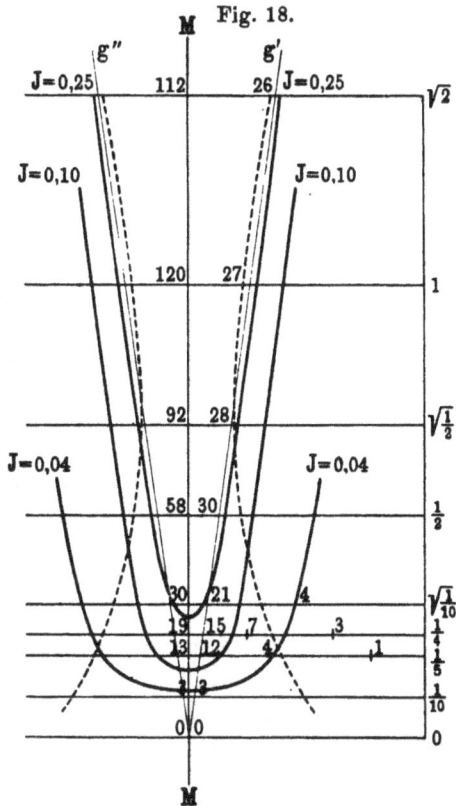

Fig. 18.

Spaltes s_2 in Einheiten von $\sqrt{8 \lambda b}$ eingetragen, falls b wieder den Abstand zwischen s_2 und der photographischen Platte bedeutet (Fig. 11). Die Intensitätskurven für $J > 0,25$ sind nicht mit eingezeichnet, sondern statt dessen sind nur ihre Schnittpunkte mit der Mittellinie durch die entsprechenden mit 100 multiplizierten Zahlen für J markiert. An der Stelle, wo der Beugungsspalt $s_2 = \sqrt{8 \lambda b}$ breit ist, hat die Intensität ein Maximum, sie beträgt das 1,2 fache der einfallenden Intensität und das ist, wie eine einfache geometrische Betrachtung zeigt, gerade die Breite des

Spaltes s_2, die dem Durchmesser der ersten (und einzigen) Fresnel-schen Zone gleich ist (siehe Fig. 19):

$$\left(\frac{s_2}{2}\right)^2 = (b + \lambda)^2 - b^2; \quad s_2 = \sqrt{8\,\lambda\,b}.$$

Die punktierte Linie der Fig. 18 gibt die Niveaulinien einer relativ zur Mittellinie gleichen Intensität. Sie erweitert sich nach unten fächerförmig, sobald die Spaltweite

$$s_2 = \sqrt{\tfrac{1}{2}}\,\sqrt{8\,\lambda\,b} = 2\,\sqrt{\lambda\,b}$$

wird.

Man könnte durch die Auffindung einer solchen Spaltbreite die Existenz einer Beugung des Röntgenimpulses beweisen, denn unser Auge folgt nach dem Fechner-schen Gesetz den Linien relativ gleicher Intensität, sieht also ohne weiteres die Stelle des Beugungsbildes, an der die fächerförmige Verbreiterung einsetzt. Man könnte sogar denken, die Bilder der Fig. 13 und 14 zu benutzen, aber das geht nicht. Wir haben in praxi keine unendlich entfernte punktförmige Lichtquelle, sondern statt dessen den Spalt s_1 als endliche Lichtquelle, die uns bei streng geometrischem Strahlen-gange ein Bild mit Kern- und Halbschatten liefert. Dieser Kern-schatten verschwindet, wenn $s_2 = 0{,}5\,s_1$ ist. Von da an sinkt auch bei rein geometrischem Strahlengang die Intensität der Mittel-linie kontinuierlich, die Kurven relativ gleicher Intensität gehen fächerförmig nach außen, und man bekommt eben den Pinsel, der in den Fig. 13 und 14 klar hervortritt. Der Pinsel beginnt bei dem Bilde von Haga und Wind (vgl. Fig. 12 und Kurve C) bei etwa $7\,\mu$, bei dem von Walter und Pohl bei etwa $3\,\mu$, während der geometrische Kernschatten bei 7,5 bzw. $3\,\mu$ aufhört. Demnach geben die Linien relativ gleicher Intensität, die das Auge an den Bildern der Fig. 13 und 14 wahrnimmt, und die Haga und Wind auch gemessen haben, nicht den geringsten Anhaltspunkt für die Existenz einer Beugung.

Statt dessen muß man versuchen, als Kriterium für die Exi-stenz der Beugung das Intensitätsmaximum in der Mittellinie des

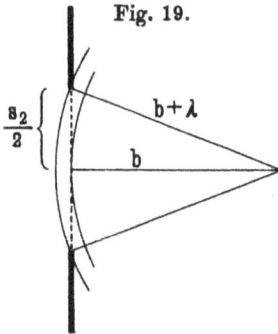

Fig. 19.

Bildes festzustellen oder sehen, daß die Intensität im Gebiete des
rein geometrischen Kernschattens nicht konstant ist und die
Niveaulinien merklicher Intensität noch über die äußere Grenze
des Halbschattens herausgehen. Um die Grenze des Kern- und
Halbschattens berechnen zu können, ist daher eine sehr genaue
Kenntnis der Spaltweiten erforderlich, und es müssen auch Ver-
wackelungen des ganzen Apparates (Fig. 11) ausgeschlossen sein.
Wegen der ersten Bedingung scheiden die Aufnahmen von Haga
und Wind aus.

Es ist P. P. Koch[1]) durch die Konstruktion eines Mikro-
photometers kürzlich gelungen, das beste der Beugungsbilder von
Walter und Pohl auszumessen und die Linien gleicher Intensität
zu bestimmen. Bei einer derartigen Photometrierung ist der
wesentliche Punkt, die Diskontinuität des Kornes der Platte für
das Auge auszuschalten (Fig. 16 und 17), und von der zu photo-
metrierenden Plattenstelle ein unscharfes Bild herzustellen, wenn
man nicht, wie dies Koch neuerdings getan hat, das Auge durch
eine lichtempfindliche Zelle ersetzt, die vor dem Auge die Fähigkeit voraus hat, die verschiedenen Helligkeiten in zeitlicher Folge
integrieren zu können. Die Fig. 20 gibt zunächst die Helligkeits-
verteilung des Bildes an den Stellen, die einer Weite des Beugungsspaltes von 10,9, 4,7 und 2,5 μ entsprechen, und aus einer Reihe
solcher Kurven hat Koch dann die Niveaulinien gleicher Schwärzung im Bilde konstruiert, die in der Fig. 21 reproduziert sind.
Die Zahlen auf der oberen Horizontalen geben den Schwärzungs-
grad der einzelnen Niveaulinien. Das kleine schraffierte Feld
entspricht der Größe der Fläche, die das Gesichtsfeld des Photometers bei der Beobachtung ausfüllt. Die Kreuze geben die gegen-
seitige Neigung der beiden Ränder des Beugungsspaltes, während
die Pfeile bei den Spaltbreiten von 19,6 μ und 2,5 μ die Punkte
markieren, deren Verbindungslinien die wahre Bildbreite geben,
wie sie Walter und Pohl in der Tabelle 11 angegeben hatten.
Man sieht zunächst, daß diese Kochschen Messungen die Behauptungen Walters und Pohls durchaus bestätigen, daß der
Keil s_2 tatsächlich als ein Keil abgebildet wird, dessen Winkel
dem entspricht, der sich aus dem geometrischen Strahlengang
aus dem Werte von s_2 und s_1 für die Grenze des Halbschattens

---

[1]) P. P. Koch, Ann. d. Phys. **38**, 507 (1912).

berechnet. Gleichzeitig aber sieht man, daß das Gebiet der Vollbeleuchtung (Schwärzungszahl 69) keineswegs bis zur Spaltweite $s_2 = \dfrac{s_1}{2} = 3\,\mu$ heruntergeht, sondern schon bei etwa $14\,\mu$

Fig. 20.

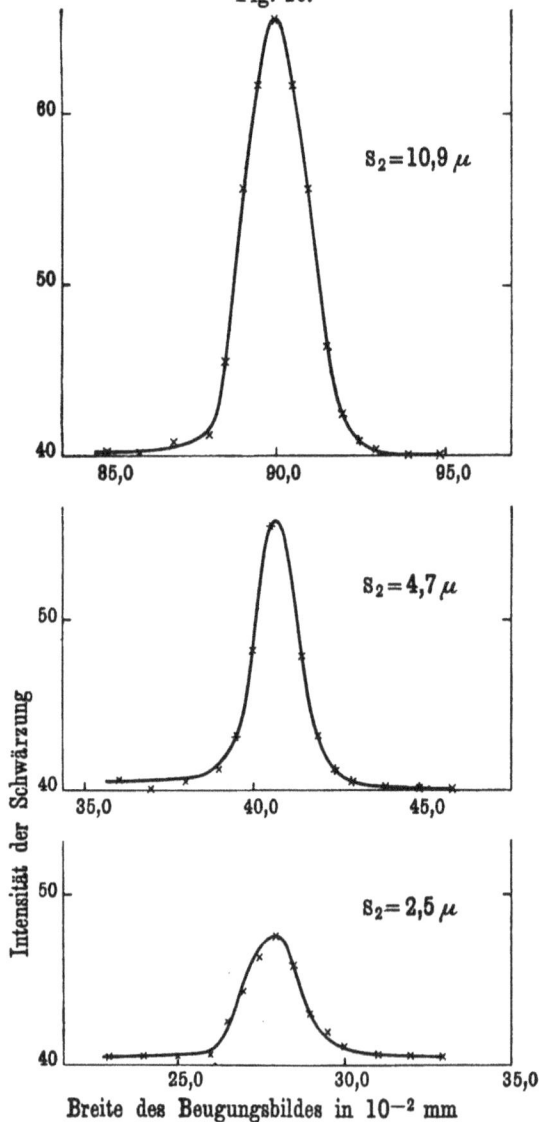

verschwindet, und daß auch außerhalb der durch die Pfeile markierten Grenzen des geometrischen Halbschattens noch Niveau-linien gleicher Intensität gemessen sind, deren Intensität von 45 bzw. 43 Schwärzungseinheiten sich von der Schwärzung des Platten-

Fig. 21.

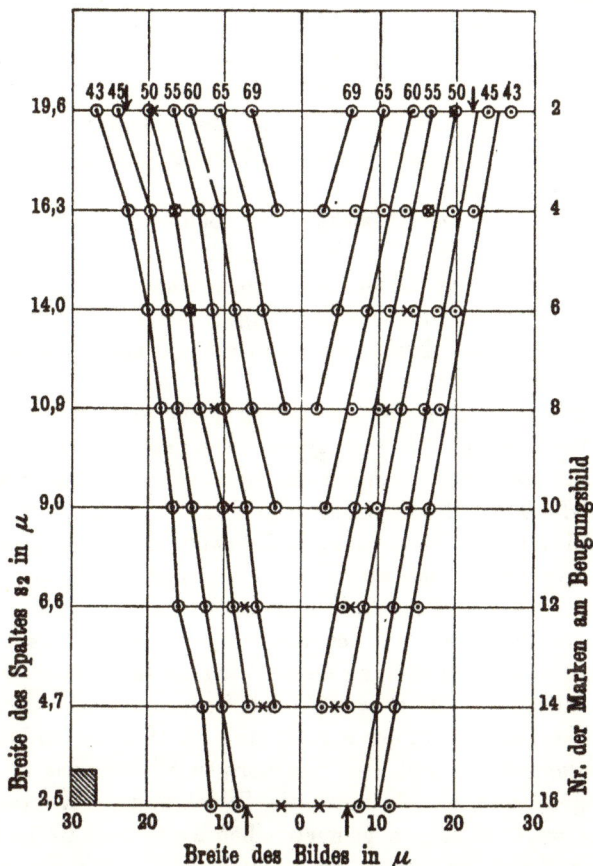

Breite des Spaltes s_2 in μ

Nr. der Marken am Beugungsbild

Breite des Bildes in μ

grundes (etwa 41) noch merklich abhebt. Beide Erscheinungen sprechen dafür, daß hier tatsächlich eine Beugung der Röntgen-strahlen vorliegt, wie sie einem Impulse im Gegensatz zu einem periodischen Wellenzuge entspricht, vorausgesetzt, daß zwei Be-dingungen erfüllt sind: es darf weder während der immerhin sechsstündigen Expositionszeit der Träger der Fig. 11 um $\pm 5\,\mu$

3*

sich gebogen oder auch gewackelt haben, noch darf eine erhebliche Diffusion des Bildes in der photographischen Schicht stattgefunden haben, wie sie in starkem Maße in der Tabelle 10 hervortrat. Jede der Fehlerquellen für sich würde schon genügen, um eine für die Beugung charakteristische Verteilung der Niveaulinien vorzutäuschen. Doch dürfte insbesondere die seitliche Verwackelung der Spalte durch Erschütterungen weitgehend vermieden sein, wie Koch daraus geschlossen hat, daß weitere Aufnahmen Walters und Pohls, die unter weniger günstigen Bedingungen der Stabilität des Apparates erhalten waren, statt der Geraden einen ganz regellosen Verlauf der Linien gleicher Schwärzung ergeben.

Dürfte auch die Existenz einer Beugung durch die Aufnahmen von Walter und Pohl als nicht unwahrscheinlich gelten, so machen doch die beiden eben erwähnten Fehlerquellen eine quantitative Auswertung des Beugungsbildes ziemlich illusorisch, die Größe der Impulsbreite, die man erhält, kann höchstens als ein oberer Grenzwert gelten.

Sommerfeld[1]) hat die Linien gleicher Schwärze in der Fig. 18 für $\lambda = 0,5 . 10^{-9}$ cm genau berechnet und die Änderung im Verlauf der Kurven durch die endliche Breite des Spaltes s_1 und die Höhe des Brennfleckes auf der Antikathode (etwa 5 mm) berücksichtigt. Es fand sich, daß sowohl das Gebiet der Vollbeleuchtung größer ist als in den Kochschen Photogrammen, wie auch, daß die Niveaulinie mit der Schwärzungsintensität 0,1 noch erheblich innerhalb der äußeren von Koch gemessenen Geraden gleicher Schwärzung liegt. Auch die Intensitätsverteilung in der Mittellinie für $\lambda = 0,5 . 10^{-9}$ cm entspricht nicht den Kochschen Zahlen. In der Fig. 22 sind als Abszisse die Marken[2]) des Beugungsbildes mit den zugehörigen Weiten des Spaltes s_2 eingetragen, und als Ordinate die Schwärzung. Kurve b entspricht $\lambda = 0$, d. h. dem geometrischen Kern- und Halbschattenbild (der Knick ist durch die endliche Höhe des Brennfleckes verursacht), Kurve c entspricht $\lambda = 0,5 . 10^{-9}$ cm, während Kurve a die experimentell gefundene Verteilung darstellt. In allen drei Fällen führt also $\lambda = 0,5 . 10^{-9}$ cm nicht zur Deutung

---

[1]) A. Sommerfeld, Ann. d. Phys. 38, 473 (1912). — [2]) In der Fig. 14 in [] beigefügt.

der beobachteten Intensitätsverteilung. Hingegen möglichenfalls
$\lambda = 4.10^{-9}$ cm. Dieser Impulsbreite entspricht in der Fig. 22 die
Kurve d, die der experimentellen a wenigstens einigermaßen nahe
kommt. Doch vergesse man nicht, daß in diese Betrachtung über
die Intensität der Mittellinie die unbekannte Zuordnung von Strahlungsintensität und Plattenschwärzung eingeht. $\lambda = 4.10^{-9}$ cm
können wir einstweilen als die Größenordnung der Impulsbreite

Fig. 22.

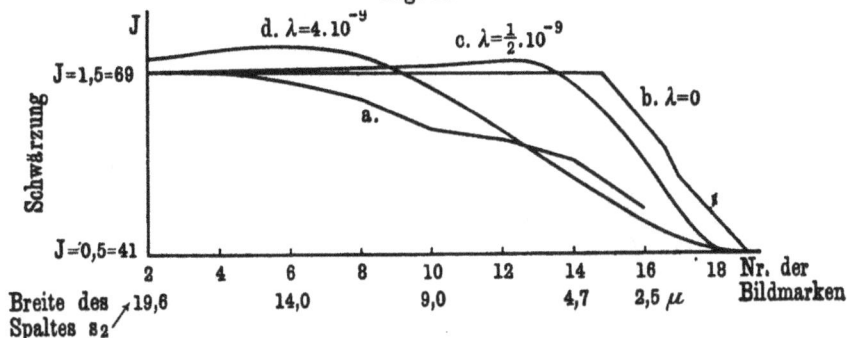

der Röntgenstrahlen von harten technischen Entladungsrohren
betrachten. Doch ist die Zahl nur ein oberer Grenzwert, da erst
weitere Versuche zeigen können, wie weit das ihr zugrunde ge-
legte Beugungsbild von Walter und Pohl von den Fehlern seit-
licher Verwackelung und photographischer Diffusion des Bildes
in der Platte frei war.

Drittes Kapitel.

Die Fig. 23 veranschauliche noch einmal das Schema eines
Elektrons, das auf der Strecke Ol geradlinig gebremst wird. Die
Röntgenenergie befinde sich zur Zeit t zwischen den beiden Kugelschalen, deren Abstand wir als Impulsbreite bezeichnen. Aus
dieser Figur können wir ohne weiteres drei Folgerungen ziehen:

1. Die Röntgenenergie ist nicht gleichmäßig über die ganze
Kugelfläche verteilt. Die Strahlung ist in der Richtung des Brems-

weges gleich Null, da in ihr nur eine longitudinale Welle auftreten könnte.

2. Die Impulsbreite ist selbst für eine einheitliche Geschwindigkeit der Elektronen nicht konstant, sie variiert für verschiedene
Emissionswinkel φ gemäß dem Dopplerschen Prinzip, ist aber
zwischen zwei Grenzen eingeschlossen, deren Werte von dem Verhältnis der Elektronengeschwindigkeit zur Lichtgeschwindigkeit
abhängen.

3. Die Strahlung ist polarisiert, die Ebene des elektrischen
Vektors ist die Zeichenebene.

Fig. 23.

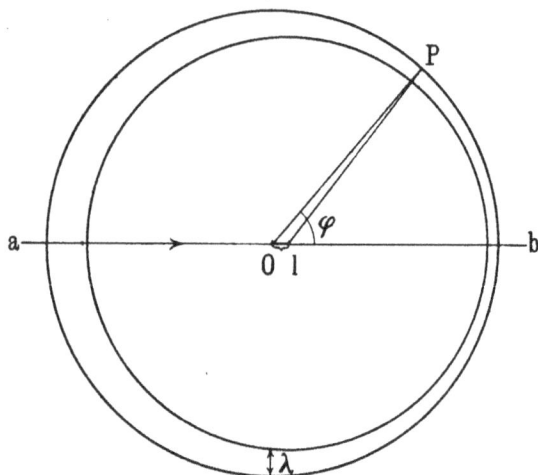

Diese Strahlung, die von den geradlinig in der Richtung
ihrer Flugbahn gebremsten Elektronen ausgeht, wollen wir im
folgenden als „gerichtete" Röntgenstrahlung bezeichnen.

Die gerichtete Strahlung ist bei keiner Antikathode allein
vorhanden. Die Elektronen werden bei weiterem Eindringen in
das Atomgefüge der Antikathode unregelmäßig nach allen Seiten,
auf gekrümmten oder zickzackförmigen Bahnen, abgelenkt und
allmählich verlangsamt (Lenard), bevor sie im Inneren eines
Atoms gebremst werden. Die Folge ist eine regellos verteilte
Emission inhomogener Strahlen, unter denen die größeren Impulsbreiten überwiegen. Hinzu kommt noch, daß neben den von
den Kathodenstrahlen erzeugten Röntgenstrahlen in fast allen

Fällen eine intensive sekundäre Röntgenstrahlung auftritt, die die primären Strahlen im Material der Antikathode erzeugen [1]), und infolgedessen haben wir neben der gerichteten Strahlung eine erhebliche Emission, für die die obenstehenden drei Sätze nicht gelten und die wir unter dem Namen der „ungerichteten" Röntgenstrahlung zusammenfassen wollen.

Infolge der Überlagerung der gerichteten und der ungerichteten Strahlung emittiert also ein Röntgenrohr auch dann ein inhomogenes Gemisch, wenn ein homogenes Bündel Kathodenstrahlen auf die Antikathode fällt. Die Homogenität einer Röntgenstrahlung definieren wir, solange wir die Impulsbreite nicht direkt messen können, durch die Existenz eines einheitlichen Absorptionskoeffizienten μ, der die Intensität nach einem einfachen Exponentialgesetz:

$$J = J_0 \, e^{-\mu \, d} \quad \ldots \ldots \ldots (26)$$

unabhängig von der durchstrahlten Schichtdicke d bestimmt.

In dieser Weise hat Adams [2]) festgestellt, daß ein homogenes, aus einem magnetischen Spektrum ausgeblendetes Kathodenstrahlbündel eine Röntgenstrahlung erzeugt, die sich im Sinne der Gleichung (26) erst dann als homogen erweist, wenn man die weniger durchdringenden, in sich inhomogenen Röntgenstrahlen durch zwischengeschaltete Metallfolien ausblendet. Sehr kleine Spannungen (etwa 3000 Volt) scheinen nach Messungen Whiddingtons [3]) die Homogenität der Röntgenstrahlen bei Verwendung homogener Kathodenstrahlen zu vergrößern, doch macht gerade das gebräuchlichste Antikathodenmaterial, nämlich Pt (ebenso wie Al), davon eine Ausnahme.

Die Inhomogenität der Röntgenstrahlen muß natürlich erheblich größer werden, wenn außer der Überlagerung der gerichteten und der ungerichteten Strahlung nun für ihre Erzeugung noch ein inhomogenes Kathodenstrahlbündel benutzt wird, in dem, wie bei dem für intensive Strahlen immer noch unentbehrlichen Induktorbetrieb, Kathodenstrahlen sehr verschiedener Geschwindigkeiten vorhanden sind. Diese schon von Röntgen beobachtete Inhomogenität der Strahlen wird sehr anschaulich durch eine

---

[1]) Vgl. S. 88. — [2]) J. M. Adams, Phys. Rev. **26**, 202 (1908). — [3]) R. Whiddington, Proc. Roy. Soc. **85**, 114, Fig. 6 (1911); siehe auch S. 81.

Versuchsreihe von Seitz[1]) erläutert, der ein Rohr mit einem 50 μ dicken Al-Fenster versah, um auch solche Strahlen beobachten zu können, die sonst durch eine Glaswand des Rohres nicht hindurchgehen. Die vom Induktor erzeugte Spannung betrug 23 000 Volt, die Intensität wurde mittels sekundärer Kathodenstrahlen (vgl. siebentes Kapitel) gemessen, und die Zahlen sind in der Fig. 24 graphisch dargestellt. Die Abszisse gibt die Zahl der absorbierenden Metallfolie, und die Ordinate die durch das $(n + 1)$ Blatt bewirkte Schwächung der Strahlen, ausgedrückt

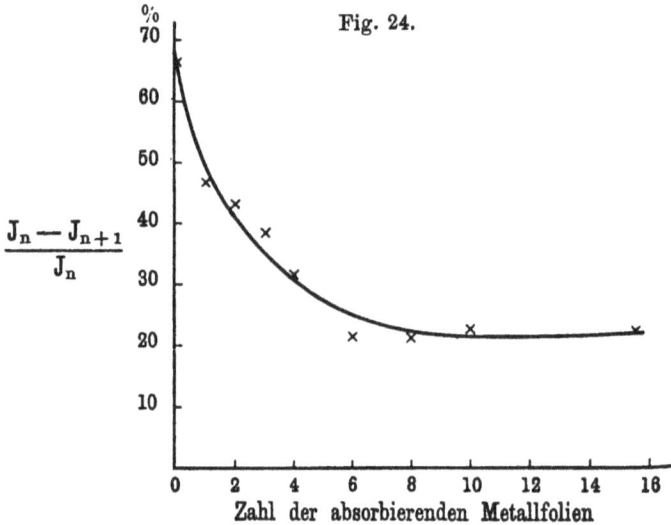

Fig. 24.

in Prozenten der von n Blättern durchgelassenen Strahlung. Diese Darstellung läßt kleine Beobachtungsfehler zwar unverhältnismäßig stark hervortreten, zeigt aber sehr deutlich, daß eine homogene Strahlung erst beobachtet wird, wenn die sehr inhomogene weniger durchdringende Strahlung durch etwa acht Metallfolien fortgenommen ist. Die letztere überwiegt erheblich, sie beträgt 98 Proz. der Gesamtstrahlung, und nur die durchdringendsten 2 Proz. sind praktisch homogen.

Bei dieser Lage der Dinge ist es ersichtlich, daß die experimentelle Prüfung der drei am Anfang dieses Kapitels angeführten

---

[1]) W. Seitz, Ann. d. Phys. **27**, 301 (1908).

Eigenschaften der gerichteten Röntgenstrahlung auf mannigfache Schwierigkeiten stößt.

Betrachten wir zunächst die Abhängigkeit der Impulsbreite λ vom Emissionswinkel φ, auf die zuerst W. Wien[1]) hingewiesen hat. Wir sahen, daß die Impulsbreite unter der Annahme gleichförmiger Verzögerung von der Geschwindigkeit $v = v_0$ auf $v = 0$ senkrecht zur Bremsrichtung $\lambda_{\varphi\,=\,90^0} = \dfrac{2\,l\,c}{v_0}$ betrug.

In der Richtung, die der Flugrichtung gleichgerichtet ist, ist sie um die Länge l des Bremsweges kleiner, also

$$\lambda_{\varphi\,=\,0^0} = \frac{2\,l\,c}{v_0} - l,$$

oder in der Richtung φ kleiner um $l\cos\varphi$, so daß allgemein gilt:

$$\lambda_\varphi = l\left(\frac{2\,c}{v_0} - \cos\varphi\right) \cdots \cdots (27)$$

wenn wir φ wie in der Fig. 23 zählen. Der größte und der kleinste Wert von λ liegen in der Richtung des Bremsweges vor und hinter der Antikathode, und zwar in den beiden Richtungen, in denen die Intensität nach dem ersten Satz gleich Null ist. Da

$$\frac{\lambda_{max}}{\lambda_{min}} = \frac{\dfrac{2\,c}{v_0} + 1}{\dfrac{2\,c}{v_0} - 1} \cdots \cdots \cdots (28)$$

ist, so erhalten wir beispielsweise für 59 000 Volt und $v = 1,38$ $.\,10^{10}\,\dfrac{cm}{sec}$ 1,6 als oberen Grenzwert für das beobachtbare Verhältnis der Impulsbreiten.

In Ermangelung einer direkten Messung muß man die Impulsbreiten einstweilen durch den Absorptionskoeffizienten μ für ein Material definieren, das nach den Ergebnissen des sechsten Kapitels keine selektive Absorption für den zu untersuchenden Impulsbereich besitzt. Man kann so λ durch μ mit ähnlicher Eindeutigkeit definieren, wie in der Optik λ durch den Brechungsindex n, sofern man einer Absorptionsbande mit anomalem Verlaufe der Dispersionskurve fernbleibt.

---

[1]) W. Wien, Ann. d. Phys. 18, 991—1007 (1905).

Die Abhängigkeit der Impulsbreite vom Emissionswinkel φ ist experimentell bereits sicher nachgewiesen. Friedrich[1] benutzte ein technisches Röntgenrohr, dessen Anode durch einen Kupferklotz mit einem Platinüberzug gebildet war. Die Ungleichheiten in der Dicke der Glaswand —. die Kugeln werden in der Hütte vom Kathodenschaft aus aufgeblasen und haben in dessen Nähe die größte Glasdicke — wurden durch kleine Glasstücke aus demselben Schmelzfluß so kompensiert, daß die Strahlen unter allen Emissionswinkeln 2 mm Glas zu durchsetzen hatten. Dann wurde die prozentische Absorption ermittelt, die verschiedene Filter im Gange der Strahlen hervorbrachten, wenn die Betriebsspannung des Rohres etwa 45 000 Volt betrug. Friedrichs Zahlen sind in der Tabelle 12 vereinigt. Sie zeigen eindeutig, daß die Absorbierbarkeit mit abnehmenden Emissionswinkeln φ kleiner sind, und zwar im Sinne der Theorie, nach der für $\varphi = 0$, d. h. in der Richtung der primären Kathodenstrahlen, die Impulsbreite den kleinsten Wert erreichen soll.

Tabelle 12.

Emissionswinkel $\varphi =$		70⁰ Proz.	103⁰ Proz.	133⁰ Proz.
Prozentische Absorption der Strahlen bei Einschaltung von	0,666 mm Glas .	30,7	33,9	35,3
	0,0025 „ Pt . .	26,2	28,8	23,9
	0,005 „ „ . .	41,5	44,8	45,4

Friedrichs Messungen sind elektroskopisch ausgeführt. Stark[2] hat analoge Versuche auf photographischem Wege angestellt, indem er als Antikathode eine dünne Kohlescheibe benutzte. Die Strahlen fielen auf einen kreisförmig gebogenen Film, und aus dessen Schwärzungskurve berechnete dann Stark ebenfalls einen mit φ wachsenden Absorptionskoeffizienten μ, indem er annahm, daß das Strahlengemisch auf seinen verschieden langen Wegen im Inneren der scheibenförmigen Antikathode nach einem einfachen Exponentialgesetz geschwächt wird. Ein von Stark beobachtetes Minimum von μ bei $\varphi \sim 70^0$ dürfte durch diese Art der Berechnung veranlaßt sein.

[1] W. Friedrich, Dissert., München 1912. — [2] J. Stark, Physik. Zeitschr. 11, 107 (1910).

Eine Polarisation der Röntgenstrahlen ist durch viele experimentelle Untersuchungen festgestellt, und zwar zuerst im Jahre 1905 durch Barkla. Barkla [1]) ging von folgender Überlegung aus: Sei K die Kathode, A die Antikathode des Röntgenrohres (Fig. 25), so liegt der elektrische Vektor in der Zeichenebene und senkrecht zur Fortpflanzungsrichtung der Strahlen. Treffen die Röntgenstrahlen R auf einen festen Körper P, so werden in diesem Elektronen in der Richtung des elektrischen Vektors beschleunigt, und diese strahlen eine sekundäre Röntgenstrahlung aus, die ihrerseits senkrecht zur Beschleunigung steht und

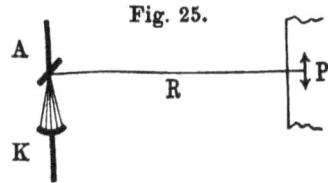

Fig. 25.

daher maximal senkrecht zur Zeichenebene emittiert wird. Es gelang Barkla [2]) in der Tat, in der in P zu PA senkrecht stehenden Ebene mit Hilfe von Elektroskopen eine Verteilung der Sekundärstrahlen nachzuweisen, wie sie einer partiellen Polarisation der Primärstrahlen entspricht.

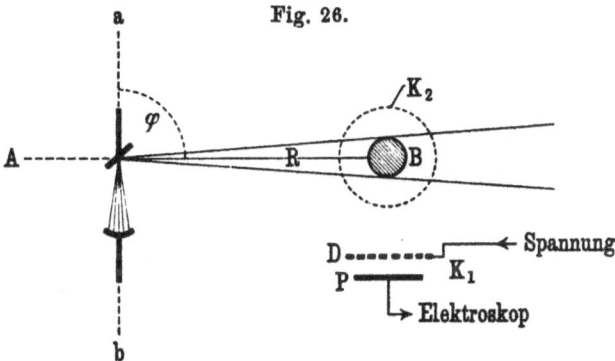

Fig. 26.

Barklas Versuche sind von verschiedenen Seiten bestätigt und ergänzt, so von Ham [3]), Vegard [4]), und insbesondere durch eine außerordentlich sorgfältige Arbeit von E. Baßler [5]). In der Fig. 26 bedeutet ab ein Röntgenrohr. Es ist um eine genau

[1]) C. G. Barkla, Phil. Trans. London **204**, 467—479 (1905). — [2]) Derselbe, Proc. Roy. Soc. **77**, 247—255 (1906). — [3]) W. R. Ham, Phys. Rev. **30**, 96—121 (1910). — [4]) L. Vegard, Proc. Roy. Soc. **83**, 379—893 (1910). — [5]) E. Baßler, Ann. d. Phys. **28**, 808 (1909).

durch den Brennfleck und die Mittellinie des Strahlenkegels RA gehende Achse drehbar angeordnet. Der Winkel φ beträgt zunächst 90°. Der Strahlenkegel hat etwa 5° Öffnung und fällt in etwa 73 cm Abstand auf eine Paraffinkugel B von 5 cm Durchmesser, die von einer dünnen paraffinierten Messingstange getragen wird. In 11 cm Abstand vom Zentrum der Kugel befindet sich ein aus dem Drahtnetz D und der Platte P gebildeter Kondensator K_1. Ein genau gleicher Kondensator, Nr. 2, befindet sich, durch den punktierten Kreis angedeutet, oberhalb der Kugel. In dem Kondensator wird das Gas ionisiert, und diese Ionisation darf man, wie später zahlenmäßig belegt wird, direkt der Energie der sekundären Strahlung proportional setzen.

Fig. 27.

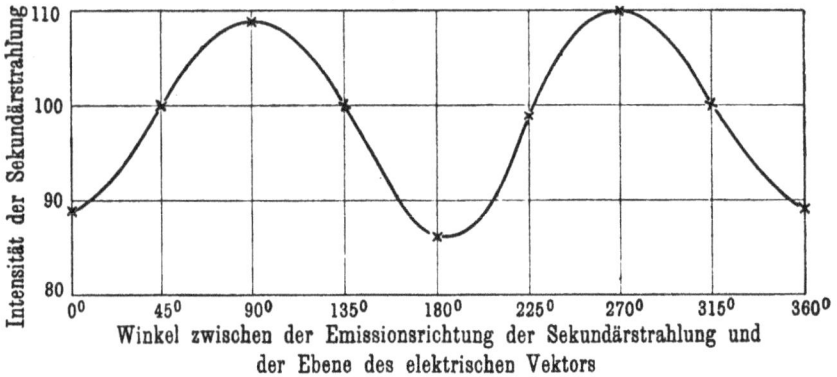

Winkel zwischen der Emissionsrichtung der Sekundärstrahlung und der Ebene des elektrischen Vektors

Als Maß der Polarisation definieren Baßler und Vegard

$$P_B = 100 \, \frac{E_{\mathfrak{H}} - E_{\mathfrak{E}}}{E_{\mathfrak{H}} + E_{\mathfrak{E}}} \quad \cdots \cdots \cdots (29)$$

wobei $E_{\mathfrak{E}}$ bzw. $E_{\mathfrak{H}}$ den Ionisationsstrom bedeutet, den der in der Ebene des elektrischen bzw. des magnetischen Vektors gelegene Kondensator anzeigt. In der Fig. 26 mißt demnach der Kondensator Nr. 1 $E_{\mathfrak{E}}$, Nr. 2 den Strom $E_{\mathfrak{H}}$. $E_{\mathfrak{H}} - E_{\mathfrak{E}}$ werden durch direkte Differenzschaltung der Ionisationskammern erhalten. In dieser Differenzschaltung wird auch festgestellt, daß die Ströme in beiden Kondensatoren die gleichen sind, falls K_1 und K_2 nicht in der Ebene der elektrischen und magnetischen Feldstärke, sondern in den vier möglichen 45°-Zwischenstellungen eingestellt werden.

Baßler hat an einer Paraffinkugel bis zu 16 Proz. Polarisation beobachtet. Für eine Polarisation von 11 Proz. ist die Abhängigkeit der Sekundärstrahlung vom Winkel ψ zwischen der Emissionsrichtung und der Ebene des elektrischen Vektors in der Kurve der Fig. 27 nach Baßlers Zahlen graphisch dargestellt.

Der Betrag der beobachteten Polarisation ist abhängig von dem Material des Sekundärstrahlers, also der Kugel B. Dem Paraffin ähnlich verhalten sich Petroleum, Äther, Benzin, Schwefelkohlenstoff usw., die in einer Glaskugel beobachtet werden. Die Sekundärstrahlung kommt hier größtenteils aus den tieferen Schichten des Materials. Von Metallen zeigt Al bis zu 6 Proz. Polarisation, bei Pb ist sie eben nachweisbar. Das gleiche gilt von Luft. Auf diese Materialunterschiede kommen wir im fünften Kapitel zurück (S. 87).

Daß die Polarisation nur partiell ist, steht mit unseren Annahmen im Einklang: Der gerichteten polarisierten Strahlung ist ein großer Betrag ungerichteter Strahlung überlagert.

Ferner variiert der Betrag der Polarisation mit der Betriebsspannung des Röntgenrohres, gemessen durch eine Parallelfunkenstrecke, und folglich mit der Geschwindigkeit der Elektronen (siehe Tabelle 13).

Tabelle 13.

Parallel-funkenstrecke cm	Polarisation	
	an Paraffin Proz.	an Al Proz.
4	16	—
5	13	—
6	9	6
8	8	—
9	—	4
12	3	3
20	2	—

Die deutliche Abnahme des polarisierten Anteiles mit wachsender Elektronengeschwindigkeit erklärt sich ungezwungen durch die Annahme, daß bei schnellen Kathodenstrahlen ein geringerer Bruchteil als bei langsamen Strahlen beim ersten Anprall geradlinig gebremst wird, und die Mehrzahl der Elektronen erst nach langem Zickzackweg unter Emission ungerichteter Strahlung zur

Ruhe kommt. Andererseits hat man bei einer und derselben Betriebsspannung des Rohres zu erwarten, daß in dem emittierten Strahlungsgemisch die weniger durchdringenden, weichen Strahlen dem ungerichteten Typ angehören und die an dem Gemisch beobachtete partielle Polarisation bei Ausblendung der weichen Strahlen zunimmt. Auch dieser Schluß wird durch Baßlers und Vegards Versuche bestätigt, aus denen ein kleiner Auszug in der Tabelle 14 wiedergegeben ist.

Tabelle 14.

Als absorbierendes Medium eingeschaltet	Polarisation an Paraffin Proz.	
Luft	10	Baßler
0,02 mm Pt	20	
Luft	10	
0,02 mm Pt	22	
2 cm Wasser + 0,4 mm Glas	21	
Luft	11	
Luft	4,1	Vegard
Al, das 50 Proz. absorbiert .	5,1	

Weiter hat Baßler gezeigt, daß die Polarisation von einer Drehung des Röntgenrohres um die Längsachse ab unabhängig ist, die Emission des gerichteten wie des ungerichteten Anteiles ist also um die Flugbahn der primären Kathodenstrahlen symmetrisch verteilt.

Hingegen zeigt sich eine erhebliche Abhängigkeit der Polarisation vom Winkel φ zwischen der Richtung der Kathodenstrahlen und der Richtung der Röntgenstrahlen. Diese Messungen bilden wohl den interessantesten Teil der Baßlerschen Arbeit, da mit ihrer Hilfe, wie wir am Schlusse dieses Kapitels sehen werden, nach Sommerfeld eine quantitative Prüfung der Verteilung der gerichteten Strahlung auf die verschiedenen Emissionswinkel φ möglich ist.

Das Maximum der Polarisation liegt bei allen drei Röhren der Tabelle 15 nicht bei $\varphi = 90^0$, sondern ungefähr bei 70^0, und dies Maximum ist nicht etwa dadurch vorgetäuscht, daß unter diesem Emissionswinkel die Röntgenstrahlen eine größere

Dicke der Glaswand zu durchlaufen haben und so von den weniger durchdringenden ungerichteten Strahlen durch Absorption befreit werden. Im Gegenteil haben gerade die Strahlen bei $\varphi \sim 70^0$ die geringste Glasdicke zu durchdringen, wie die Ausmessung der Glasdicken zeigt, und überdies hat auch Vegard Baßlers Beobachtungen für $\varphi = 114$ bis 173^0 bestätigen können.

Tabelle 15.

Winkel φ zwischen den Kathoden- und Röntgenstrahlen	Polarisation P_B		
	Röhre I Proz.	Röhre II Proz.	Röhre III Proz.
150^0	1,5	0,2	—
135	3,0	—	—
120	5,0	2	4
90	10	5	6,6
75	—	—	6,7
60	10	7	6,7

Es ist Baßler nicht gelungen, die durch die Polarisation bedingten Unterschiede der Sekundärstrahlen photographisch zu fixieren, wiewohl er die Versuchsbedingungen aufs mannigfachste variiert und auch gezeigt hat, daß eine Platte Intensitätsunterschiede, wie die durch die Ionisation gemessenen, ohne weiteres erkennen läßt. Ebensowenig kam Haga[1]) zum Ziel, und der Grund ist wahrscheinlich in der geringen photographischen Wirksamkeit der durchdringenden gerichteten Strahlen zu suchen, die neben der intensiven Schwärzung durch die absorbierbarere ungerichtete Strahlung zurücktritt. Hingegen gelang es Herweg[2]) 1909, die partielle Polarisation der von einer Kohleantikathode emittierten Primärstrahlen photographisch nachzuweisen. Das Strahlenbündel R fiel, durch passende Blenden begrenzt, auf einen Kohlekonus A, der sich im Inneren eines Messingzylinders befindet (Fig. 28). Die Innenwand des Messingrohres ist zwischen 1 und 2 mit einem photographischen Film ausgekleidet, der vor der Einwirkung der Primärstrahlen geschützt ist. Diese Anordnung ist

---

[1]) H. Haga, Ann. d. Phys. 23, 439—444 (1907). — [2]) J. Herweg, ebenda 29, 398—400 (1909).

von Haga angegeben und mit ihr fand Herweg nach ein- bis
zweistündiger Exposition eine Schwärzung des Films, die deutlich
zwei Maxima und zwei Minima erkennen ließ, und zwar die Minima
oben und unten in unserer Fig. 28, wenn die primären Kathodenstrahlen und somit auch der elektrische Vektor in der Zeichenebene lagen.

Nunmehr kommen wir an den ersten der auf S. 37 aufgestellten Sätze, zu der Intensitätsverteilung der gerichteten
Röntgenstrahlen unter verschiedenen Emissionswinkeln φ zwischen
Röntgenstrahlen und der Fortpflanzungsrichtung der Kathodenstrahlen. Diesen Fall hat Sommerfeld[1]) rechnerisch behandelt.

Fig. 28.

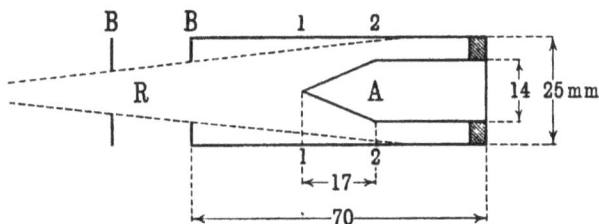

Wird ein Elektron von der Geschwindigkeit $v_0 = \beta c$ plötzlich
auf Null gebremst, so sendet es ein Feld aus, dessen elektrische
und magnetische Feldstärke im Punkte P in großem Abstand r[2])

$$\mathfrak{E} = \mathfrak{H} = \frac{e}{2\,a\,r}\, \frac{\beta \sin \varphi}{1 - \beta \cos \varphi} \quad \cdots \cdots (30)$$

beträgt, falls e die Ladung und a den Radius des Elektrons bezeichnen. Die durch die Flächeneinheit in P hindurchgehende
Energie wird hiernach:

$$E_\varphi \sim \mathfrak{E}.\mathfrak{H} = const \cdot \frac{\beta^2 \sin^2 \varphi}{(1 - \beta \cos \varphi)^2} \quad \cdots \cdots (31)$$

Der Zähler des Bruches zeigt, daß die Ausstrahlung der
Energie transversal erfolgt und in der Flugrichtung des Elektrons,
d. h. für $\varphi = 0^0$ und 180^0, gleich Null wird. Der Nenner gibt
eine mit zunehmender Kathodenstrahlgeschwindigkeit wachsende
Dissymmetrie der Strahlung, wie man am besten sieht, wenn man

[1]) A. Sommerfeld, Physik. Zeitschr. 10, 969 (1909). — [2]) Vgl.
M. Abraham, Lehrbuch, 2. Aufl., Gleichung (146 e).

E_φ als Funktion von φ in ein Polardiagramm einträgt, wie dies in der punktierten Kurve der Fig. 29 geschehen ist.

Diese Dissymmetrie tritt jedoch noch deutlicher hervor, wenn man statt des momentanen einen langsamer verlaufenden Hemmungsvorgang annimmt. Um sie festzustellen, hat man zu

Fig. 29.

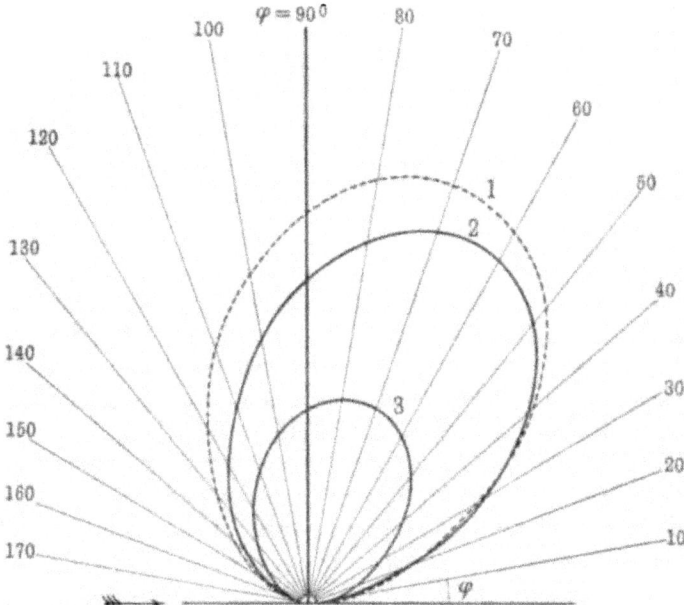

Radius Vektor = Intensität der gerichteten Röntgenstrahlung
φ = Winkel zwischen Emissionsrichtung und Bremsrichtung

berechnen, welche Gesamtenergie ein im Aufpunkt P befindlicher Beobachter erhält, wenn er die Abrahamsche Gleichung (11):

$$dE_{R\varphi} = \frac{1}{4\pi} \frac{e^2 \dot{v}^2}{c^3 r^2} \frac{sin^2 \varphi}{(1 - \beta cos \varphi)^6} dt$$

über die Bremsdauer τ' integriert, die er in P an dem Impulse mißt und die sich gemäß dem Dopplerschen Prinzip von der Zeitdauer τ unterscheidet, die ein senkrecht auf den Bremsweg blickender Beobachter mißt. Bezeichnet dt' das Zeitelement für den Beobachter in P und $\beta = \dfrac{v}{c}$ den Quotienten der zum Zeitelement dt gehörigen Geschwindigkeit zur Lichtgeschwindigkeit, so lautet das Dopplersche Prinzip in seiner allgemeinsten Fassung:

$$dt' = dt\,(1 - \beta \cos \varphi) \ \ldots \ldots \ldots (32)$$

Somit erhalten wir:

$$E_{R\varphi} = \frac{1}{4\,\pi}\,\frac{e^2\,\dot{v}^2}{c^3\,r^2} \int \frac{\sin^2 \varphi}{(1 - \beta \cos \psi)^5}\,dt \ \ldots \ldots (33)$$

oder, da

$$c\,d\beta = \dot{v}\,dt$$

ist,

$$E_{R\varphi} = \frac{1}{4\,\pi}\,\frac{e^2\,\dot{v}}{c^2\,r^2} \int_0^\beta \frac{\sin^2 \varphi\,d\beta}{(1 - \beta \cos \varphi)^5} \ \ldots \ldots (34)$$

$$E_{R\varphi} = \frac{1}{16\,\pi}\,\frac{e^2\,\dot{v}}{c^2\,r^2}\cdot\frac{\sin^2 \varphi}{\cos \varphi}\left(\frac{1}{(1 - \beta \cos \varphi)^4} - 1\right)\cdot \ \cdot (35)$$

Nach dieser Gleichung ist die Energie der gerichteten Röntgenstrahlung in ihrer Abhängigkeit vom Emissionswinkel φ in den Kurven 2 und 3 der Fig. 29 für Werte von $\beta = 1/3$ und $\beta = 1/5$ eingetragen. Die Figuren sind natürlich rotationssymmetrisch zur Bahn des Kathodenstrahles, und daher sieht man, daß schon bei $\beta = 1/3$ der weitaus größte Teil der gesamten Energie auf die Emissionswinkel von 40 bis 90⁰ zusammengedrängt ist.

Leider stößt die experimentelle Prüfung der Gleichung (35) auf Schwierigkeiten, da sich der transversal und dissymmetrisch verteilten gerichteten Strahlung die allseitig gleichmäßig verteilte ungerichtete Strahlung überlagert, wie dies die Fig. 30 veranschaulicht. Der Anteil der ungerichteten Strahlung sinkt, wie wir schon bei den Versuchen über die partielle Polarisation sahen, mit abnehmender Geschwindigkeit der Kathodenstrahlen, gleichzeitig tritt aber der Einfluß des Nenners in der Gleichung (35) und somit die Dissymmetrie der Emission zurück, so daß man bei geringen Betriebsspannungen des Röntgenrohres höchstens nachweisen kann, daß die Ausstrahlung transversal zur Flugbahn der Kathodenstrahlen bevorzugt ist.

Dieser Nachweis ist Ham gelungen. Ham[1]) benutzte ein Rohr, wie es in der Fig. 31 skizziert ist. Es trägt an Flanschen

---

[1]) W. R. Ham, Phys. Rev. **30**, 96—121 (1910); vgl. auch F. C. Miller, Frankln. Inst. **171**, 457 (1911).

fünf Glasfenster von gleicher, geringer Dicke. Die Strahlungsintensität, die aus je zwei dieser Fenster austritt, wird elektroskopisch verglichen. Dabei wird die drehbare Antikathode A stets so eingestellt, daß ihre Normale den Winkel zwischen den

Fig. 30.

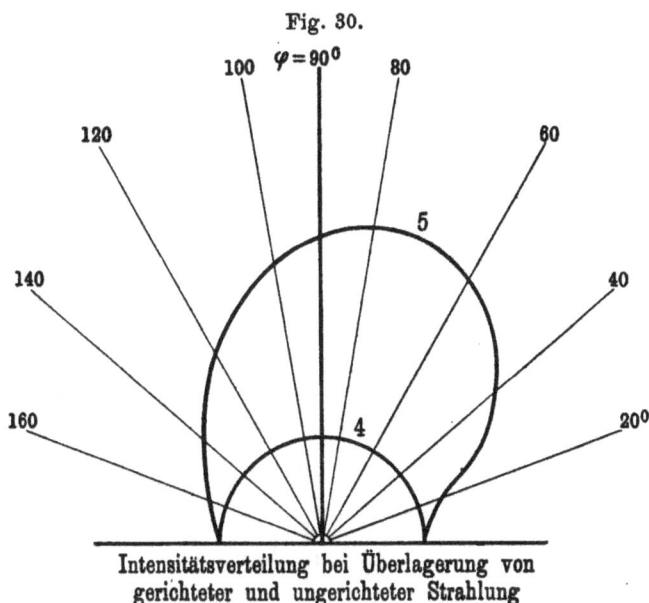

Intensitätsverteilung bei Überlagerung von
gerichteter und ungerichteter Strahlung

beiden beobachteten Emissionsrichtungen halbiert, um die Unterschiede zu eliminieren, die durch den verschieden langen Weg der Röntgenstrahlen im Antikathodenmetall nach der Gleichung (10) auftreten würden. In der Tabelle 16 sind Werte für das Verhältnis der Röntgenintensitäten eingetragen, die bei verschiedenen Betriebsspannungen unter $\varphi = 150^0$ bzw. 210^0 und $\varphi = 90^0$ von einer Pb-Antikathode emittiert werden. Die benutzten Röntgenstrahlen sind sehr homogen, da eine Gleichstromspannung benutzt wird und die weichen Strahlen schon durch die Glasfenster entfernt werden. Der Absorptionskoeffizient der

Fig. 31.

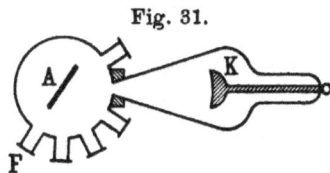

beobachteten Strahlen in Pb beträgt $\left(\dfrac{\mu}{\varrho}\right) = 98 - 100 \, \text{cm}^2 \cdot \text{g}^{-1}$

4*

Tabelle 16.

Spannung Volt	$\dfrac{E_R \text{ für } \varphi = 150^0}{E_R \text{ für } \varphi = 90^0}$	$\dfrac{E_R \text{ für } \varphi = 210^0}{E_R \text{ für } \varphi = 90^0}$
11 000	0,813	—
11 700	—	0,814
12 000	—	0,822
13 000	0,836	0,835
16 000	0,87	—
16 100	—	0,87
18 000	—	0,88
22 000	—	0,898

In der Tat ist die Intensität in der Emissionsrichtung senkrecht zur Bahn der Kathodenstrahlen größer als in den Richtungen, die mit den Kathodenstrahlen den Winkel $\pm 30^0$ einschließen.

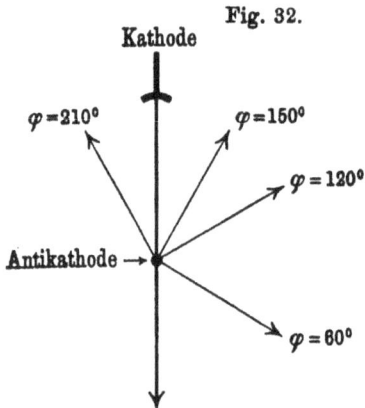

Fig. 32.

Auch sieht man, daß die Bevorzugung der transversalen Emission mit wachsender Entladungsspannung abnimmt, weil der Anteil der ungerichteten Strahlung wächst.

Von einer Dissymmetrie der Emission, wie sie nach dem Nenner der Gleichung (35) zu erwarten ist, ist in den weiteren Zahlen, die Ham gibt (Tab. 17), noch nichts zu erkennen. Die Intensität erscheint zur Ebene, die zur Richtung der Kathodenstrahlen senkrecht steht, symmetrisch verteilt zu sein, obgleich einer Spannung von 16 000 Volt ein Wert von $\beta =$ etwa $^1/_4$ entspricht.

Um die Dissymmetrie der Emission hervortreten zu lassen, braucht man höhere Spannungen, wie in den technischen Röntgenrohren, und diese kann man nicht mehr mit Gleichstrom betreiben. Dabei wächst, wie wir auf den S. 39 und 45 sahen, der Anteil der ungerichteten Strahlen so erheblich, daß man, wenigstens an den üblichen Platinantikathoden, keine merkliche Abweichung von der

allseitig gleichmäßigen Emission über die ganze vordere Halbkugel beobachtet, die man nicht durch die endliche Eindringungstiefe der Kathodenstrahlen in die Antikathode erklären könnte
(vgl. S. 13 f.).

Tabelle 17.

Spannung Volt	$\dfrac{E_R \text{ für } \varphi = 60^0}{E_R \text{ für } \varphi = 210^0}$	Spannung Volt	$\dfrac{E_R \text{ für } \varphi = 120^0}{E_R \text{ für } \varphi = 210^0}$
12 000	0,859	11 600	0,855
12 500	0,857	12 200	0,862
15 600	0,888	15 000	0,895
16 200	0,895	15 200	0,899
Mittel	0,875	Mittel	0,878

Trotz dieses großen Anteils der ungerichteten Strahlung hat
F r i e d r i c h für Spannungen von 45 000 bis 50 000 Volt eine,
wenn auch geringe, so doch sichere Dissymmetrie in der Emission

Fig. 33.

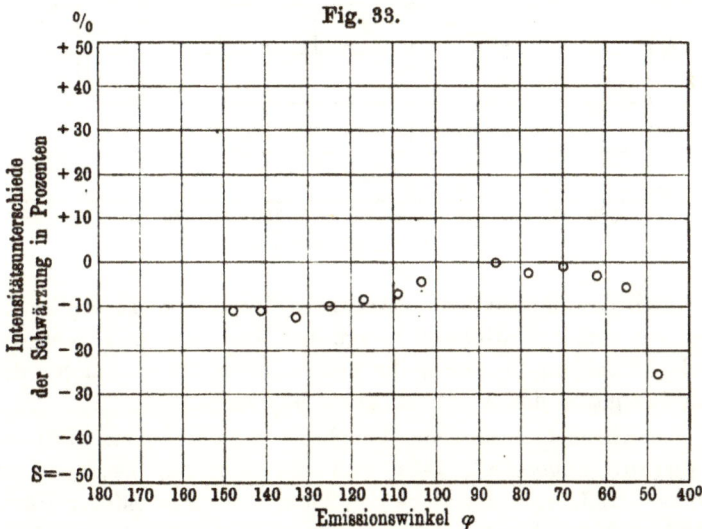

aufgefunden. Friedrich benutzte, wie bei seinen auf S. 42 erwähnten Versuchen, ein technisches Röntgenrohr, an dem er die
ungleichmäßige Dicke der Glaswände durch passend zugeschaltete
Glasstücke kompensierte. Er hat die Intensität der Strahlung

unter verschiedenen Emissionswinkeln φ sowohl qualitativ photographisch, wie quantitativ elektrometrisch bestimmt und dabei
besondere Sorgfalt auf die Anbringung richtiger Blenden im
Strahlengange verwandt. Die Kurven der Fig. 33 und 34 geben
die Resultate. Die Abszissen bedeuten den Emissionswinkel φ
in der Zählung unserer Fig. 26, und die prozentischen Angaben
der Ordinaten sind auf die Emission bei φ = 93⁰ als Einheit
bezogen. In beiden Fällen ist die Verschiebung der Maximal-
emission in der Richtung der primären Kathodenstrahlen (φ = 0)
deutlich zu erkennen. Auch wächst diese Verschiebung, wenn

Fig. 34.

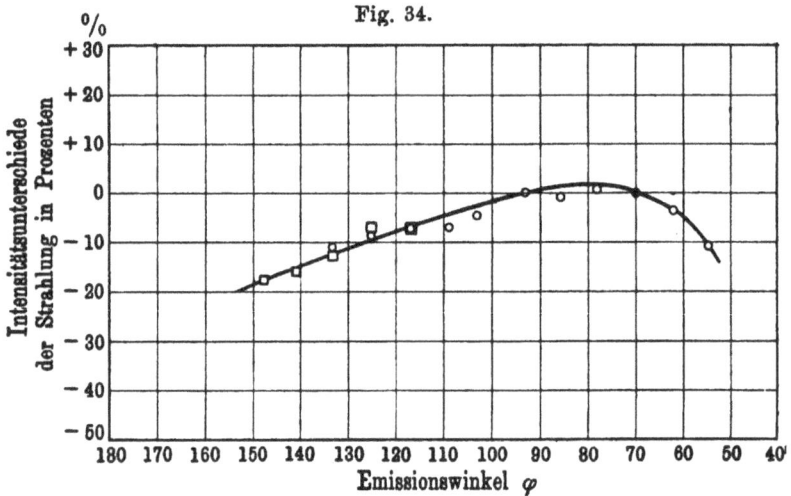

der Anteil der ungerichteten Strahlung durch eine Absorption in
einem 5 μ dicken Platinblech vermindert wird, wie die Zahlen der
Tabelle 18 zeigen, die wieder die prozentischen Abweichungen der
Strahlung gegen den Wert für φ = 93⁰ enthalten.

Von einem quantitativen Vergleich mit der Formel (35) hat
F r i e d r i c h abgesehen, teils weil die von ihm beobachteten
Strahlen bereits eine Glasdicke von 2 mm mit verschiedener Härte
(Tabelle 12) durchlaufen haben, teils weil ihm bei Verwendung
der technischen Hohlkathode der Emissionswinkel φ nicht hin-
reichend definiert erscheint. Statt dessen hat F r i e d r i c h jedoch
das Minimum der Emission, das nach der S o m m e r f e l d schen
Fig. 30, Kurve 5, zu erwarten ist, experimentell nachgewiesen.

Tabelle 18.

| Emissionswinkel φ | $\dfrac{E_{R,\varphi} - E_{R,93^0}}{E_{R,93^0}}$ | |
	ohne Filter Proz.	nach Absorption in $5\,\mu$ Pt Proz.
133^0	$-13,2$	$-10,8$
125	$-11,0$	$-9,9$
117	$-10,6$	$-11,2$
109	$-10,3$	$-9,4$
103	$-5,0$	$-6,3$
93	$0,0$	$0,0$
86	$-2,2$	$0,0$
78	$-1,5$	$+1,6$
70	$-0,5$	$+3,3$
62	$-5,0$	$+1,8$
55	$-12,6$	$+6,5$

Als Antikathode diente eine durch Kathodenzerstäubung gewonnene Platinschicht, die auf ein $10\,\mu$ dickes Al-Fenster niedergeschlagen und im Prinzip nach Art der Fig. 8 montiert war. Nur war im Gange der Kathodenstrahlen noch eine Blende angebracht, die das Emissionszentrum in dem Röntgenrohr auf einen engen Fleck begrenzte. Dieser bildete das Zentrum eines 12 cm entfernten halbkreisförmig gebogenen Films, dessen Schwärzung durch Photometrierung ermittelt wurde und in der Fig. 35 graphisch dargestellt ist. In der Tat ist für $\varphi = 0$ ein Minimum der Emission vorhanden, und das ist eine sehr wesentliche experimentelle Stütze der Ansicht, daß sich in der Tat die gerichtete und die ungerichtete Strahlung nach dem Schema der Fig. 30 überlagern. Der Nachweis dieses Minimums mißlingt, falls die Dicke der Antikathode größer gewählt wird, weil dann die nicht gerade unter $\varphi = 0$ austretenden Strahlen eine größere Absorption erleiden.

Es wird hoffentlich bald gelingen, den Anteil der ungerichteten Strahlung mehr, als es bisher möglich war, herabzusetzen, um die durch den Nenner der Gleichung (35) bedingte Dissymmetrie quantitativ zu prüfen. Einstweilen aber geben schon, wie Sommerfeld gezeigt hat, die Beobachtungen Baßlers über die partielle

Polarisation der Strahlen die Möglichkeit, numerisch zu berechnen, in welcher Weise die Energie der gerichteten Strahlung über verschiedene Emissionswinkel φ verteilt ist.

Die Polarisation war nur partiell, weil sich die ungerichtete unpolarisierte und die total polarisierte gerichtete überlagerten.

Fig. 35.

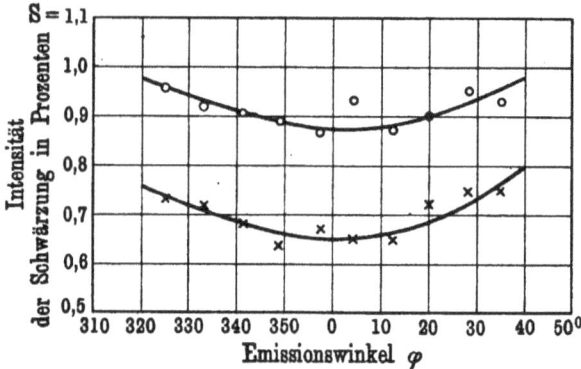

Nennen wir die Intensität der gesamten Strahlung $E_{\mathfrak{H}}$, die der ungerichteten $E_{\mathfrak{G}}$, so ist $E_{\mathfrak{H}} - E_{\mathfrak{G}}$ die Intensität der gerichteten, und wir können, da $E_{\mathfrak{G}}$ von φ unabhängig ist,

$$100\,\frac{E_{\mathfrak{H}} - E_{\mathfrak{G}}}{2\,E_{\mathfrak{G}}} = P_S \quad \ldots \ldots \ldots (36)$$

als prozentisches Maß für die Intensität der gerichteten Strahlung benutzen. Baßler definierte als prozentische Polarisation:

$$P_B = 100\,\frac{E_{\mathfrak{H}} - E_{\mathfrak{G}}}{E_{\mathfrak{H}} + E_{\mathfrak{G}}} \quad \ldots \ldots \ldots (29)$$

P_S ergibt sich daher aus P_B nach der Gleichung:

$$P_S = \frac{P_B}{1 - \dfrac{P_B}{100}}.$$

In der Fig. 36 sind die auf diese Weise berechneten Werte von P_S eingetragen, und zwar die Kreuze nach der Spalte 1 der Tabelle 15, die Punkte nach der Spalte 2. Die Abszissen geben die Emissionswinkel, die Ordinaten die Intensität P_S der gerichteten Strahlung. Ferner sind ausgezogen und punktiert die Kurven eingetragen, die Sommerfeld nach der Gleichung (35) für $\beta = {}^1/_3$ und $\beta = {}^1/_5$ berechnet hat. $\beta = {}^1/_3$ entspricht ungefähr der von Baßler benutzten Spannung von 30000 Volt, $\beta = {}^1/_5$ den langsameren Elektronen des inhomogenen Kathodenstrahlbündels, und das Zusammenfallen der gemessenen und der theoretischen Kurve ist so gut, wie es überhaupt erwartet werden kann[1]).

Fig. 36.

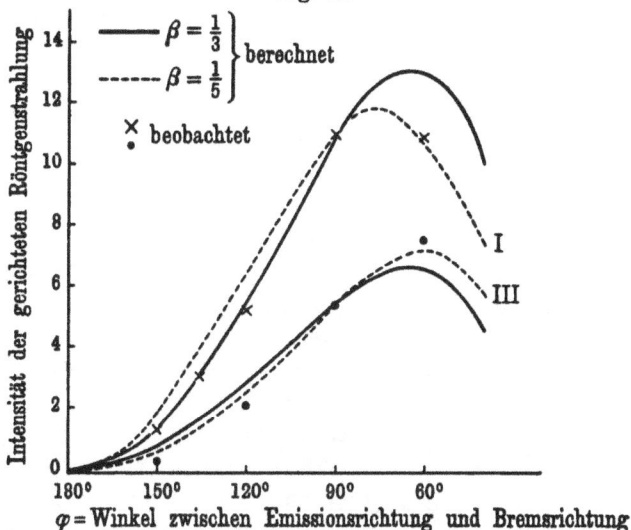

$\varphi =$ Winkel zwischen Emissionsrichtung und Bremsrichtung

Auf jeden Fall ist es auch hier sichergestellt, daß die von der Impulstheorie geforderte starke Dissymmetrie der gerichteten Röntgenstrahlung tatsächlich vorhanden ist, und gleichzeitig ist der auf den ersten Blick befremdliche experimentelle Befund erklärt, daß die Polarisation nicht senkrecht zum Kathodenstrahlbündel ihr Maximum besitzt.

---

[1]) Vgl. auch A. Sommerfeld, Compt. rend. du congrès Solvay, Brüssel 1911.

Viertes Kapitel.

Treffen Röntgenstrahlen auf irgend ein Medium, gleichgültig, ob es fest, flüssig oder gasförmig ist, so wird dies Medium, wie bereits Röntgen[1]) festgestellt hat, der Ausgangspunkt einer neuen Röntgenstrahlung, und Sagnac[2]) hat für diese Strahlung den Namen „sekundäre Röntgenstrahlung" eingeführt. Die ältere Literatur über diesen Gegenstand kam im allgemeinen zu wenig übersichtlichen Resultaten. Das wichtigste war wohl der von Walter[3]) entdeckte und von anderen[4]) bestätigte Zusammenhang der Sekundärstrahlung mit dem Atomgewicht. Erst durch neuere Arbeiten englischer Autoren ist in dies Gebiet eine größere Klarheit gebracht. Es gelang Barkla, Sadler u. a. festzustellen, daß sich in dieser Sekundärstrahlung zwei verschiedene Phänomene überlagern, eine Art Zerstreuung der primären Strahlen, wie sie etwa Licht in trüben Medien erfährt, und eine zweite, stark von der Natur des durchstrahlten Elementes abhängige Strahlung, die man der Fluoreszenz des Lichtes an die Seite stellen kann.

Fig. 37.

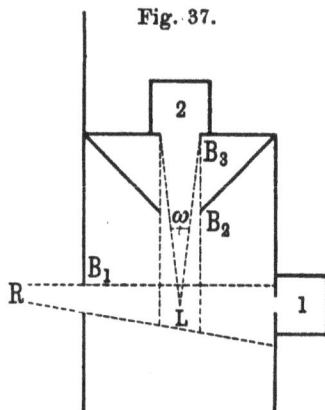

Wir betrachten zunächst die Zerstreuung der primären Strahlen. Sie läßt sich am besten bei Elementen mit einem Atomgewicht < 32 nachweisen. Für Luft benutzte Barkla[5]) vorstehende Anordnung (Fig. 37). Von den Strahlen eines technischen Röntgenrohres wird mit der Blende B_1 ein Bündel R ausgeblendet. Seine Intensität wird elektroskopisch[6])

---

[1]) W. C. Röntgen, I. und III. Mitteilung. — [2]) Vgl. G. Sagnac, Physik. Zeitschr. 7, 41 (1906). — [3]) B. Walter, Naturw. Rundschau 11, 485 (1896). — [4]) A. Roiti, Att. Ac. d. Linc. 7, 87 (1898); L. Benoist, Compt. rend. 132, 324, 545 (1901). — [5]) C. G. Barkla, Phil. Mag. 7, 543 (1904). — [6]) H. Guilleminot hat mit photographischer und fluoreszenzerregender Wirkung die Barklaschen Versuche bestätigt. Compt. rend. 152, 595, 763 (1911).

in der Ionisierungskammer 1 gemessen. Eine zweite Ionisierungskammer 2 fängt die Strahlen auf, die senkrecht zur Primärstrahlrichtung zerstreut werden und von dem durch die Blenden $B_2 B_3$
begrenzten Luftvolumen L. austreten. Vor die Öffnungen der
beiden Kammern können Metallbleche geschaltet werden, um so
die prozentische Absorption der primären und der sekundären
Strahlen miteinander vergleichen zu können. Einige Messungen
Barklas sind in der Tabelle 19 vereinigt.

Tabelle 19.

Absorbierende Schicht vor den beiden Ionisationskammern cm Al	Verhältnis der Sekundärstrahl-intensität zur primären in willkürlichem Maße
0	34,1
0,02	33,7
0	34,5
0	43,4
0,04	42,4
0	43,4

Das Verhältnis der Intensität der Sekundärstrahlen zu der
der Primärstrahlen wird also durch 0,02 bis 0,04 cm dicke Al-
Filter nicht geändert, und die prozentische Absorption der
Sekundärstrahlung ist daher dieselbe, wie die der primären. Das
gleiche hat Crowther für H_2, He, NH_3, N_2, O_2, N_2O, CO_2, SO_2,
$CH_3CO_2CH_4$ festgestellt, die Sekundärstrahlung all dieser Gase
wurde, genau wie die Primärstrahlen, durch eine Sn-Folie um
25 Proz. geschwächt. Analoge Versuche hat Barkla an festen
Körpern angestellt, auch hier war, wie z. B. an Papier, die
Absorbierbarkeit der primären und sekundären Strahlen innerhalb von 2 bis 3 Proz. die gleiche, und daher verhält sich diese
Sekundärstrahlung ganz allgemein wie eine zerstreute Primärstrahlung.

Es ist allerdings noch nicht sicher entschieden, ob mit der
Zerstreuung der Strahlen nicht eine geringe Änderung der Härte
verbunden ist, und zwar im Sinne zunehmender Impulsbreite.
Eine Andeutung davon zeigen schon die Zahlen Barklas in der

Tabelle 19, und auch Sadler[1]) teilt neuerdings ähnliche Beobachtungen ohne weitere Zahlenangaben mit. Vielleicht gehören dahin auch Messungen von Beatty[2]), der die Sekundärstrahlen der Luft in einer der Barklaschen analogen Anordnung (Fig. 37) untersucht und dabei die Härte der Primärstrahlen durch verschiedene vor B_1 eingeschaltete Al-Bleche variiert hat. Seine Zahlen sind folgende:

Tabelle 20.

Die Primärstrahlen gehen durch mm Al	$\dfrac{\text{Intensität d. Sekundärstrahlen}}{\text{Intensität d. Primärstrahlen}}$, soweit sie 0,04 cm Al durchdringen
0,265	1,11
0,530	1,09
0,785	0,995
1,060	0,909

Es scheint, als ob bei der Zerstreuung der härteren Primärstrahlen die Sekundärstrahlen ein relativ geringeres Durchdringungsvermögen erhalten, also bei der Zerstreuung weicher werden. Hier können erst weitere Messungen Klarheit bringen, aber es genügt zunächst mit großer Annäherung, die Härte der durch Streuung entstandenen Strahlen gleich der der primären anzunehmen.

Das Zerstreuungsvermögen der Gase ist cet. par. proportional ihrem Druck. Das hat Crowther festgestellt und gleich benutzt, um das relative Zerstreuungsvermögen der Gase, bezogen auf Luft, nach einer Differentialmethode zu bestimmen. Er benutzte zu diesem Zwecke zwei gleiche Apparate, von denen einer in der Fig. 38 skizziert ist. Das zerstreuende Gas befindet sich in der Kammer A, die mit dünnen Al-Fenstern F luftdicht verschlossen ist, so daß man im Inneren jeden beliebigen Druck herstellen kann. Oberhalb des Fensters befindet sich eine Ionisierungskammer K, deren Außenelektrode mit einer positiven Spannung verbunden wird, die ausreicht, um Sättigungsstrom zu geben. Der zweite

---

[1]) C. A. Sadler, Phil. Mag. 22, 447 (1911). — [2]) R. T. Beatty, ebenda 14, 604 (1907).

Apparat enthält Luft, und an die Außenelektrode ist eine negative Spannung gelegt. Die Innenelektroden beider Kammern führen zum gleichen Elektroskop, das dann keinen Ausschlag gibt, wenn beide Ionisierungskammern von der gleichen Sekundärstrahlung getroffen werden, d. h. der Gasdruck in der Kammer 1 passend abgeglichen ist. Diese Nullmethode hat den Vorzug, daß sie die Sekundärstrahlen eliminiert, die von den Wänden der Kammern ausgehen. In der Tabelle 21 sind derartige Messungen von Crowther und Barkla zusammengestellt. Die relativen Intensitäten J beziehen sich auf die gleiche in das Gas eintretende Primärenergie, und die Zahlen sind von der Intensität und der Härte der Primärstrahlen unabhängig.

Fig. 38.

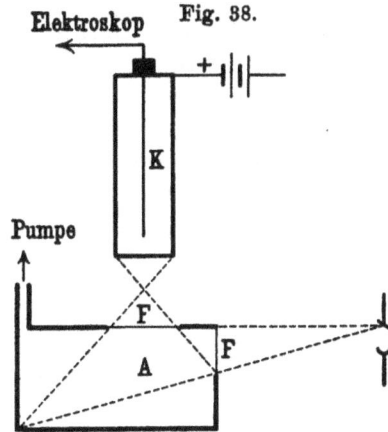

Tabelle 21.

Gas	Relative Intensität der ⊥ zur Primärstrahlung zerstreuten Sekundärstrahlung J	Relative Dichte des Gases D	$\dfrac{J}{D}$	Bemerkungen
Luft	1,00	1,00	1,00	
H_2	0,12	0,07	1,71	
He	0,16	0,14	1,14	J. A. Crowther,
NH_3	0,66	0,59	1,12	4,5 cm Parallel-
N_2	0,97	0,97	1,00	funkenstrecke.
O_2	1,12	1,11	1,00	Phil. Mag. **14**,
N_2O	1,53	1,53	1,00	653 (1907).
CO_2	1,54	1,53	1,00	
SO_2	2,80	2,22	1,26	
$CH_3CO_2CH_3$	2,72	2,57	1,06	
H_2	0,17	0,07	2,4	C. G. Barkla,
H_2S	1,08	1,18	0,92	Phil. Mag. **5**,
CO_2	1,45	1,53	0,95	685 (1903).
SO_2	2,11	2,19	0,96	

Nach den Messungen der Tabelle 21 scheint also zwischen der zerstreuten Strahlung und der Dichte des Gases eine einfache Proportionalität zu bestehen, solange in den Gasen keine Elemente mit einem Atomgewicht > 32 (S) vorkommen. Eine Ausnahme macht offenbar H_2. Barkla gibt zwar an, daß sein Wert durch den großen Einfluß kleiner Verunreinigungen beeinträchtigt sei, aber auch der Wert Crowthers fällt entschieden aus den experimentellen Fehlergrenzen heraus, und so scheint auch hier H_2 ähnliche Abweichungen von dem Verhalten anderer Gase zu zeigen, wie diese häufig bei elektrischen Untersuchungen beobachtet werden, z. B. der Absorption der Kathodenstrahlen (Lenard).

Das Emissionsvermögen für die durch Streuung entstehende Sekundärstrahlung läßt sich für Verbindungen als additive Eigenschaft der einzelnen Atome berechnen. Crowther gibt im Anschluß an die Tabelle 21 die Beispiele der Tabelle 22.

Tabelle 22.

Gas	Relative Intensität der ⊥ zur Primärstrahlung zerstreuten Sekundärstrahlen	
	berechnet	gemessen
NH_3	0,66	0,66
N_2O	1,53	1,53
CH_3CO_2	2,74	2,72

Tabelle 23.

Element	Atomgewicht A	Relatives Emissionsvermögen für die durch Streuung entstehende Sekundärstrahlung J_A	$\dfrac{J_A}{A}$
H . .	1,0	1,7	1,7
He . .	4,0	4,5	1,1
C . .	12,0	12,0	1,0
N . .	14,0	14,0	1,0
O . .	16,0	16,0	1,0
S . .	32	45,1	1,4

Man kann daher auch das relative Zerstreuungsvermögen pro Atom des einzelnen Elementes berechnen und findet dann eine direkte Proportionalität zwischen dieser Größe und dem Atomgewicht, wie die ebenfalls von Crowther gegebene Tabelle 23 zeigt.

Gleiche Massen von Elementen mit einem Atomgewicht kleiner als 32 emittieren also senkrecht zur Primärstrahlrichtung nahezu gleiche Bruchteile der einfallenden Röntgenstrahlung in Form zerstreuter Strahlung (Ausnahme: H_2), und zwar in weiten Grenzen unabhängig von der Intensität und der Härte der Primärstrahlen.

Die Emission der durch Streuung entstandenen Sekundärstrahlung besitzt in der Richtung der einfallenden Primärstrahlen eine mehr oder minder ausgeprägte Vorzugsrichtung. Das haben Versuche von Bragg und Glaßon[1]), Barkla[2]), Crowther[3]) und Owen[4]) festgestellt. Das Prinzip ihrer Meßanordnung wird in der Fig. 39 erläutert: Ein Röntgenstrahlbündel R durchsetzt

Fig. 39.

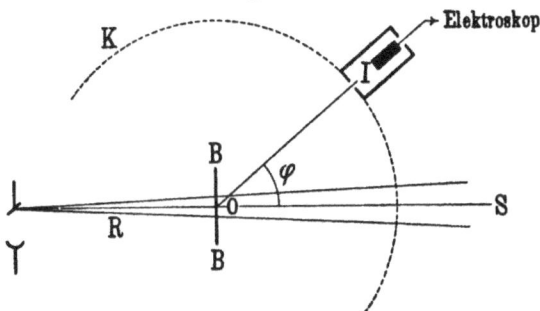

eine als Sekundärstrahler dienende Platte BB von der Dicke d und fällt auf ein Standardelektroskop S, das zur Kontrolle der primären Intensität dient. Die Ionisierungskammer J ist so angeordnet, daß sie auf der punktierten Kreisbahn K herumgeführt werden kann. Die Platte BB bestand bei:

Barkla und Ayres . . aus Kohle, 0,8 cm dick
Crowther . . . . . . „ Al, $\mu = 11\,\text{cm}^{-1}$
Owen . . . . „ Papier, bis zu 48 Blatt

[1]) W. H. Bragg und J. L. Glaßon, Phil. Mag. 17, 855 (1909). — [2]) C. G. Barkla, Phil. Mag. 15, 288 (1908). Derselbe und T. Ayres, ebenda 21, 270 (1911). — [3]) J. A. Crowther, Proc. Roy. Soc. 85, 29 (1911). — [4]) E. A. Owen, Proc. Cambr. Soc. 16, 161 (1911).

Die unter einem Emissionswinkel φ beobachtete Strahlung J_b ist wegen der Absorption der primären und der sekundären Strahlung in BB zu korrigieren. Da der Absorptionskoeffizient μ für beide Strahlungen der gleiche ist, lauten die Korrektionsformeln:

$$J_\varphi = \frac{d \cdot \mu\,(sec\,\varphi + 1)}{1 - e^{-\mu\,d\,(sec\,\varphi + 1)}} \cdot J_b \quad \ldots \ldots \quad (37\,a)$$

für $\varphi = 0$ bis 90^0 und 270 bis 360^0,

$$J_\varphi = \frac{d\,\mu\,(sec\,\varphi - 1)}{e^{-\mu\,d}\,(1 - e^{sec\,\varphi})} \cdot J_b \quad \ldots \ldots \quad (37\,b)$$

für $\varphi = 90$ bis 270^0.

Die Resultate der verschiedenen Beobachter sind in der Tabelle 24 zusammengestellt. Messungen zwischen 180 und 360°

Fig. 40.

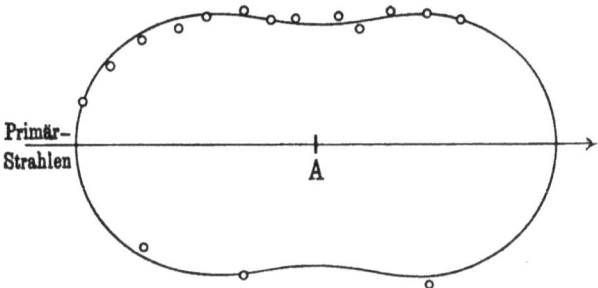

Verteilung der durch Streuung entstehenden
Sekundärstrahlung um den Ausgangspunkt A

sind fortgelassen, da sie dasselbe wie zwischen 0 und 180° ergeben. Barkla und Ayres finden eine Verteilung, die sich mit Ausnahme der Werte für $\varphi = 20$ und 30^0 durch die Formel $J_\varphi = J_{\pi/2}\,(1 + cos^2\,\varphi)$ darstellen läßt und keine merkliche Dissymmetrie zur Ebene senkrecht zur Primärstrahlrichtung besitzt. Die Zahlen sind in der Fig. 40 graphisch dargestellt. Barkla und Ayres geben an, daß diese symmetrische Form der Kurve nur bei weichen Primärstrahlen vorhanden ist und verschwindet, wenn man die Härte des primären Bündels durch Erhöhung der Spannung oder durch Ausblenden der weichen Strahlen erhöht. Um so auffallender erscheint es daher, daß bei Owen gerade das Umgekehrte der Fall ist. Nur bei harten Strahlen, entsprechend 7 cm Parallelfunkenstrecke, ist die Verteilung angenähert symmetrisch zur Ebene BB des Sekundärstrahlers in der Fig. 39. Bei den weniger durchdringenden Strahlen tritt hingegen eine starke Dissymmetrie zutage, der weitaus größere Teil wird, wie die Fig. 41 zeigt, in der Richtung der austretenden Primärstrahlen emittiert. Crowthers Zahlen ergeben sogar eine noch stärker ausgeprägte Dissymmetrie, als sie Owen beobachtet hat. Der Grad der Dissymmetrie, $J_{\varphi\,=\,0} : J_{\varphi\,=\,180^0}$, hängt von der Dicke des Sekundärstrahlers BB ab. Owen gibt die Zahlen der Tabelle 25.

Tabelle 24.

Winkel φ zwischen Sekundär- und Primär- strahlung	$J_{\varphi} =$ Intensität der durch Streuung entstehenden Sekundärstrahlung					
	Barkla u. Ayres	Crow- ther	Owen			berechnet $J_{\varphi} = J_{90^0}$ $(1 + cos^2\,\varphi)$
			Parallelfunkenstrecke			
			7 cm	4,5 cm	2,5 cm	
1,5⁰	—	11,4[1])	—	—	—	—
4	—	11,4[1])	—	—	—	—
20	3,7	—	—	—	—	1,90
25	—	10,5	—	—	—	—
30	2,1	9,98	1,76	2,73	3,11	1,76
35	—	—	—	—	—	—
40	1,58	—	1,59	2,09	2,30	1,59
50	1,43	4,76	1,38	1,69	1,72	1,40
60	1,27	—	1,21	1,35	—	1,23
70	1,02	2,88	—	—	—	1,09
80	1,07	—	—	—	—	1,03
90	1,00	—	1,00	1,00	1,00	1,00
100	1,06	—	—	—	—	1,03
110	1,11	2,36	—	—	—	1,09
120	1,27	—	1,11	1,13	1,10	1,23
130	1,41	2,78	1,36	1,38	1,42	1,40
140	1,51	—	1,59	1,59	1,59	1,59
145	—	3,34	—	—	—	—
150	1,69	—	1,82	1,80	1,83	1,76
160	1,84	—	—	—	—	1,90
170	1,99	—	Fig. 41			2,00
			Kurve a	Kurve b	Kurve c	

[1]) J. A. Crowther, Proc. Cambr. Soc. **16**, 177 (1911).

Tabelle 25.

Der Sekundär-strahler BB (Fig. 39) besteht aus	Intensität der in Richtung der Primärstrahlen zerstreuten Strahlung gegen die Richtung der Primärstrahlen zerstreuten Strahlung Parallelfunkenstrecke	
	2,5 cm	4,5 cm
12 Blatt Papier	1,44	—
24 „ „	1,77	1,50
48 „ „	—	1,75

Auch scheint das Material auf die Größe der Dissymmetrie von Einfluß zu sein. Crowther[1]) hat für das Verhältnis der Emission unter $\varphi = 30^0$ und $\varphi = 150^0$ an verschiedenen Materialien nachstehende relative Zahlen gemessen:

$$\frac{J_{\varphi\,=\,30^0}}{J_{\varphi\,=\,150^0}} = \begin{array}{ccccc} \text{Papier} & \text{Al} & \text{Ni} & \text{Cu} & \text{Sn} \\ 1,3 & 2,8 & 1,6 & 1,7 & 1,7 \end{array}$$

Hingegen wird der Grad der Dissymmetrie nicht beeinflußt, wenn man den Sekundärstrahler in ein Magnetfeld von 2500 Gauß oder in ein elektrisches Feld von $22\,500\ \frac{\text{Volt}}{\text{cm}}$ hineinbringt[2]).

Fig. 41.

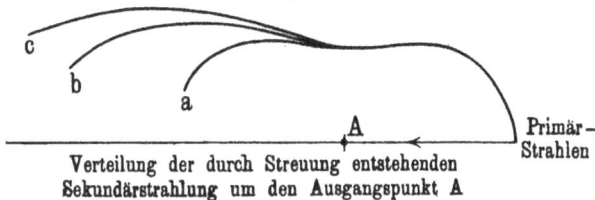

Verteilung der durch Streuung entstehenden
Sekundärstrahlung um den Ausgangspunkt A

Mit der Kenntnis dieser Intensitätsverteilungskurve ist es nun möglich, zunächst die relativen Werte des Emissionsvermögens für die gesamte zerstreute Sekundärstrahlung zu ermitteln, statt die letztere nur unter einer bestimmten Emissionsrichtung an verschiedenen Materialien miteinander zu vergleichen, wie wir es oben bei den Gasen gesehen haben. Die Meßanordnungen unter-

---

[1]) J. A. Crowther, Proc. Cambr. Soc. 16, 365 (1911). — [2]) Derselbe, ebenda 16, 188 (1911).

scheiden sich nicht grundsätzlich von den in der Fig. 37 skizzierten, doch müssen die Öffnungswinkel der in die Elektroskope eindringenden Strahlenbündel bekannt sein. Auf diese Weise kommt Crowther zu folgenden Werten für $\frac{s_r}{\varrho}$, d. h. den auf die Masseneinheit umgerechneten Zerstreuungskoeffizienten in willkürlichem Maße:

Material	Papier	Al	Ni	Cu	Sn
$\frac{s_r}{\varrho}$	0,40	0,42	1,4	1,4	2,2

Wesentlich wichtiger als diese relativen sind natürlich absolute Werte für den Zerstreuungskoeffizienten, d. h. einen Faktor s, der nach den Gleichungen

$$E_s = d\,E_R = E_R . s . dx$$

oder

$$E_R = E_{R_0} e^{-sx} \ldots \ldots \ldots \ldots (38)$$

angibt, welcher Bruchteil der einfallenden Primärenergie auf dem Wege x als Sekundärstrahlung zerstreut ist. Ist ϱ die Dichte, so kann man mit Barkla $\frac{s}{\varrho}$ als den spezifischen Streuungskoeffizienten einer Substanz bezeichnen.

Ohne auf die Einzelheiten der Versuche einzugehen, deren Schwierigkeit im wesentlichen nur in der Bestimmung der Öffnungswinkel der Strahlenbündel und der richtigen Berücksichtigung der Absorptionsverluste besteht, geben wir in der Tabelle 26 nur die Resultate.

Die Zahl Crowthers widerspricht den übrigen. Die Atomgewichte für Luft, C und Al sind kleiner als 32, und daher müßten die Zahlen die gleichen sein. Denn die Elemente mit $A < 32$ zerstreuen pro Maßeinheit den gleichen Bruchteil, sowohl senkrecht zur Primärstrahlung nach der Tabelle 21, wie insgesamt in allen Richtungen nach den Zahlen für $\frac{s_r}{\varrho}$ auf der Seite 68. Doch dürfte der Barklasche Wert $\frac{s}{\varrho} = 0,2$ cm². g⁻¹ für alle Elemente mit $A < 32$ der richtigere sein. Denn Crowthers Wert ist sicher zu hoch. Bezeichnen wir mit μ den Absorptionskoeffizienten, der nach der Gleichung

$$E_R = E_{R_0} e^{-\mu x}$$

die gesamte Schwächung der Primärstrahlung auf der Weglänge x bestimmt, unabhängig davon, was mit der absoluten Energie geschieht, so muß auf jeden Fall $s < \mu$ sein, da doch nicht mehr Energie als Sekundärstrahlung zerstreut werden kann, als dem primären Bündel verloren geht. Nun ist aber, wie Barkla[1]) betont hat, Crowthers Wert $\left(\dfrac{s}{\varrho}\right) = 1{,}18 \text{ cm}^2 . \text{g}^{-1}$ größer als $\dfrac{\mu}{\varrho}$, das man für Kohle im mittleren Härtebereich zu 0,25 bis 0,40 cm². g⁻¹ und für Al für harte Strahlen zu 0,6 cm². g⁻¹ bestimmt hat, und daher dürfte bei Crowthers Messungen ein Versehen untergelaufen sein.

Tabelle 26.

Material	$\dfrac{s}{\varrho}$ = spezifischer Streuungskoeffizient für		Atomgewicht	Beobachter
	mittelweiche	weiche		
	Strahlen			
	$\left(\dfrac{\mu}{\varrho}\right)_{Al} = 2{,}5 \; \dfrac{\text{cm}^2}{\text{g}}$	$\left(\dfrac{\mu}{\varrho}\right)_{Al} = 136 \; \dfrac{\text{cm}^2}{\text{g}}$		
Luft . .	$0{,}2 \; \dfrac{\text{cm}^2}{\text{g}}$	—	14 u. 16	Barkla[2])
C . . .	0,2	$0{,}2 \; \dfrac{\text{cm}^2}{\text{g}}$	12	
Al . . .	0,2	0,4 ?	27	Barkla und
Cu . . .	0,4	1,5	63	Sadler[3])
Ag . . .	1,5	—	108	
Al . . .	1,18 cm². g⁻¹		27	Crowther[4])

Einstweilen hat man also die Zahl Barklas und Sadlers, nach der ein Element mit einem Atomgewicht kleiner als dem des Schwefels auf dem Wege dx pro 1 g Masse 0,2 dx der Primärenergie in Form von Sekundärstrahlung zerstreut.

Daß $\dfrac{s}{\varrho}$ klein gegen $\dfrac{\mu}{\varrho}$ sein muß, folgt auch daraus, daß $\left(\dfrac{s}{\varrho}\right)$ unabhängig von der Härte ist, während $\left(\dfrac{\mu}{\varrho}\right)$ stark mit der Härte variiert. Das wird durch die Tabelle 27 erläutert.

---

[1]) C. G. Barkla, Phil. Mag. **21**, 648 (1911). — [2]) Derselbe, ebenda **7**, 543 (1904). — [3]) Derselbe und C. A. Sadler, ebenda **17**, 739 (1909). — [4]) J. A. Crowther, Proc. Roy. Soc. **85**, 29 (1911).

Tabelle 27.

Element		C	Al	Cu	Ag
$\dfrac{s}{\mu}$	für harte Strahlen $\left[\left(\dfrac{\mu}{\varrho}\right)_{Al} = 2,5\ \dfrac{cm^2}{g}\right]$	0,5	0,08	0,016	0,11
	für weiche Strahlen $\left[\left(\dfrac{\mu}{\varrho}\right)_{Al} = 136\ \dfrac{cm^2}{g}\right]$	0,013	0,0015	0,003	0,0026

Bei Cu und Ag tritt der Anteil der durch Streuung erzeugten Sekundärstrahlung am ganzen Energieverlust des primären Bündels vollständig zurück, weil diese Elemente den größten Teil der Energie in Form ihrer charakteristischen Fluoreszenzstrahlung emittieren, wie im nächsten Kapitel gezeigt wird.

Betrachten wir nun kurz, welches Bild wir uns in der elektromagnetischen Auffassung der Röntgenstrahlen von dem Mechanismus der „Zerstreuung" zu machen haben, wenn wir, wie es J. J. Thomson getan hat, von der Gleichung (15) ausgehen:

Fällt ein primäres Bündel R bei O auf eine Substanz (Fig. 42), so werden Elektronen, die in diesem vorhanden sind, in der senkrecht zu RO stehenden Ebene beschleunigt, da der elektrische Vektor $\mathfrak{E}$ in der Primärwelle transversal gerichtet ist. Ein jedes Elektron, das eine Beschleunigung $\dot{v}$ erhält, strahlt über die ganze Kugel nach (15) die Energie

$$E_s = \frac{2}{3}\frac{e^2}{c^3}\int_0^\tau \dot{v}^2\, dt \quad \ldots \ldots \ldots \quad (39)$$

falls wir $\beta^2 = \dfrac{v^2}{c^2}$ gegen 1 vernachlässigen und mit $\tau = \dfrac{\lambda}{c}$ die Dauer des Primärimpulses bezeichnen. Nun ist

$$\dot{v}m = \mathfrak{E}e,$$

wenn m die Masse des Elektrons bedeutet, und daher wird

$$E_s = \frac{2}{3}\frac{e^4}{m^2 c^3}\int_0^\tau \mathfrak{E}^2\, dt = \frac{2}{3}\frac{e^4}{m^2 c^4}\mathfrak{E}^2 . \lambda \quad \ldots \quad (40)$$

und dies ist die Energie eines Röntgenimpulses, der von dem beschleunigten Elektron ausgeht, die gleiche Impulsbreite λ wie die primäre Strahlung besitzt und somit eine charakteristische Eigenschaft der durch Streuung erzeugten Sekundärstrahlung aufweist. Die Energie der Primärstrahlung beträgt pro Flächeneinheit (vgl. S. 124):

$$E_R = \frac{1}{4\pi}\, \mathfrak{C}^2\, \lambda,$$

und daher ergibt sich die auf dem Wege dx zerstreute Strahlung zu

$$E_s = N \cdot \frac{8}{3}\, \frac{\pi e^4}{m^2 c^4}\, E_R \cdot dx,$$

falls N Elektronen im cm³ in Bewegung gesetzt werden, wenn der Primärimpuls über sie hinweggeht.

Nun definierten wir oben [Gleichung (38)] den Zerstreuungskoeffizienten durch die Gleichung

$$E_s = d E_R = s E_R \cdot dx$$

und daher erhalten wir jetzt:

$$s = N \frac{8}{3}\, \frac{\pi e_{stat.}^4}{m^2 c^4} = N \frac{8}{3}\, \frac{\pi e_{elektromagn.}^4}{m^2} \quad \cdots (41)$$

oder s soll direkt proportional der Zahl der Elektronen sein, die in einem cm³ durch den Primärimpuls in Bewegung gesetzt werden. Aus den gemessenen Werten von s können wir daher N ausrechnen und sehen, wieviel Elektronen nach dieser Vorstellung Thomsons mindestens in jedem einzelnen Atom der zerstreuenden Substanz vorhanden sein müssen. Es ist

$e = 1,42 \cdot 10^{-20}$ elektromagnetische Einheiten, $\frac{e}{m} = 1,73 \cdot 10^7$

und $\frac{s}{\varrho} = 0,2\, \frac{cm^2}{g}$ für jedes Element mit einem Atomgewicht < 32. Bei diesen werden daher $40 \cdot 10^{22}$ Elektronen in jedem Gramm Masse in Bewegung gesetzt, oder es kommen, da ein Mol. $60 \cdot 10^{22}$ Atome enthält, auf jedes Atom

$$^2/_3 \cdot \text{Atomgewichtszahl}$$

Elektronen. Crowther[1]) hatte aus der Zerstreuung der radioaktiven β-Strahlen einen Wert

$$3 \cdot \text{Atomgewicht}$$

hergeleitet, und diese Zahl würde man auch aus der Zerstreuung der Röntgenstrahlen erhalten, wenn man in die Gleichung (41)

---

1) J. A. Crowther, Proc. Roy. Soc. 84, 239 (1910).

statt $\dfrac{s}{\varrho} = 0,2$ die oben besprochene Crowthersche Zahl 1,18 einsetzte.

Was sodann die Emission der zerstreuten Sekundärstrahlung unter verschiedenen Winkeln zur Primärstrahlung anlangt, so führt die Thomsonsche Vorstellung zu einer Verteilung, die zu einer durch O in der Fig. 42 senkrecht stehenden Ebene symmetrisch ist.

In der durch den Winkel φ in der Fig. 42 bestimmten Richtung wird, falls der primäre Strahl unpolarisiert ist, eine Röntgenstrahlung emittiert, deren Intensität nach der Gleichung (11) proportional dem Mittelwert von $sin^2\,\varphi'$ ist, wenn φ' die Winkel zwischen der Beobachtungsrichtung und den in der skizzierten Ebene gelegenen Beschleunigungsrichtungen der Elektronen bezeichnet. Der Mittelwert von $sin^2\,\varphi'$ ist gleich dem Mittelwert von $\dfrac{1 + cos^2\,\varphi}{2}$

Fig. 42.

und daher folgt für eine unter dem Winkel φ emittierte Strahlung die Intensität

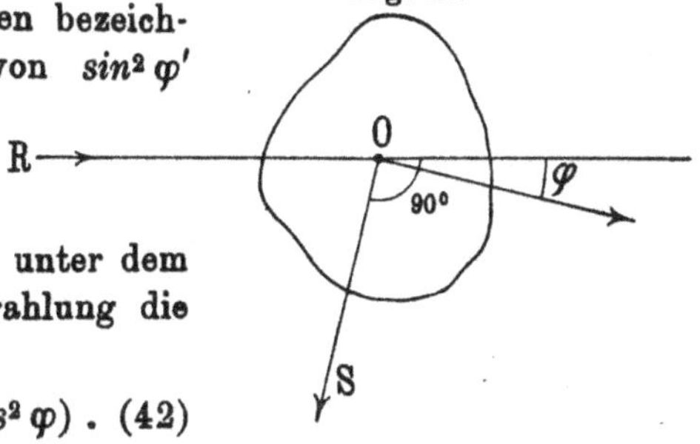

$$J_\varphi = J_{90^0}(1 + cos^2\,\varphi)\,.\quad (42)$$

falls man in der Richtung S, d. h. in der Ebene der Elektronenbeschleunigung, den Wert J_{90^0} beobachtet.

Diese symmetrische Verteilung in der durch Streuung entstandenen Sekundärstrahlung war bei den Messungen in zwei Reihen tatsächlich beobachtet, von Barkla bei weichen, von Owen bei harten Strahlen, während im allgemeinen eine ausgesprochene Dissymmetrie vorhanden ist, die in Richtung der Primärstrahlen die weitaus größere Zerstreuung hervorruft. Zur Erklärung dieser Erscheinung muß man später den Ansatz (40) erweitern, wenn man erst die experimentellen Bedingungen für das Auftreten der Dissymmetrie ermittelt hat.

Crowther hat eine Richtungsänderung der Primärstrahlen zur Erklärung herangezogen und an Hand einer Wahrscheinlichkeitsbetrachtung gezeigt, daß schon eine Größe $n\,\alpha^2 = 0,06$ genügen würde, um die Emissionsdissymmetrie der Sekundärstrahlen vorzutäuschen, wenn n die Zahl der durchsetzten Atome und α den Ablenkungswinkel pro Atom bezeichnet. Doch hat er beim Ausmessen eines geometrischen Kern- und Halbschattenbildes, wie es die Anordnung der Fig. 11 bei Verwendung zweier 0,2 mm breiten Parallelspalte ergibt, nicht 0,02 der gesuchten Diffusion gefunden. Der Strahlengang verlief zur Vermeidung der Luft-sekundärstrahlung im Vakuum und die Ausmessung erfolgte in der Weise, daß an dem Orte P ein Elektroskop mit 0,2 mm breitem Spaltfenster durch den Querschnitt des Strahlenbündels hindurch-gezogen wurde.

Hingegen wird eine dritte Folgerung der Thomsonschen Vorstellung, die man ohne weiteres der Fig. 42 entnehmen kann, von der Erfahrung bestätigt. Die durch Streuung entstandene Sekundärstrahlung muß in der Richtung S, die zum pri-mären Bündel R senkrecht steht, vollkommen polari-siert sein, da der elektri-sche Vektor aller senkrecht zu R beschleunigten Elek-tronen in der durch $\varphi = 90^0$ bestimmten Ebene liegt.

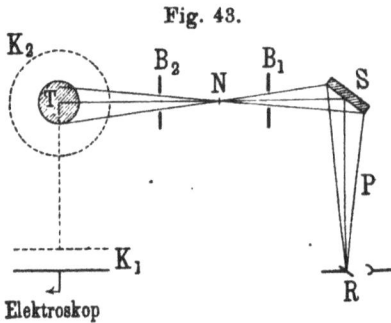

Fig. 43.

Barkla[1]) war der erste, dem der Nachweis dieser Po-larisation gelang, und zwar unter Benutzung von Elektroskopen zur Messung der Strahlungs-intensität. Das Röntgenrohr R (Fig. 43) wirft ein primäres Strahlenbündel P (das eventuell selbst partiell polarisiert ist) auf den Körper S, der Sekundärstrahlen durch Streuung emittiert. Das Sekundärstrahlenbündel N, das senkrecht zu RS emittiert wird, und in dem der elektrische Vektor senkrecht zur Zeichen-ebene steht, fällt, durch passende Blenden begrenzt, auf den Körper T. In diesem werden nun Elektronen senkrecht zur Zeichenebene beschleunigt und infolgedessen emittiert er eine Sekundärstrahlung, deren Maximalintensität senkrecht zur Be-schleunigung, d. h. also in der Zeichenebene liegt, während die Intensitätsrichtung senkrecht zu T gleich Null wird, da in ihr

---

[1]) C. G. Barkla, Proc. Roy. Soc. **77**, 247 (1906).

nur eine longitudinale Welle auftreten könnte. Die Maximalintensität in der Zeichenebene maß Barkla mit der Ionisierungskammer K_1, die Minimalintensität mit dem senkrecht oberhalb
von T befindlichen gleichgebauten Kondensator K_2. Barkla
wählte als Material von S und T Kohle als zerstreuende Substanz
und erhielt für die in K_1 und K_2 beobachteten Ströme:

$$\frac{J_{max.}}{J_{min.}} = \frac{6,3}{1,9}$$

und ein anderes Mal $\frac{5,85}{1,95}$. Die Polarisation ist zwar noch nicht
vollkommen, aber das ist bei dem endlichen Öffnungswinkel der
Strahlenbündel auch nicht zu erwarten, da die Polarisation nur
dann total ist, wenn N und P genau senkrecht zueinander stehen.

Haga ist es gelungen, die Polarisation der durch Streuung
entstandenen Sekundärstrahlung auch photographisch nachzuweisen. Er ließ das aus B_2 (Fig. 43) austretende Bündel statt
auf T auf den Kohlekonus A der Anordnung fallen, die in der
Fig. 28 skizziert war. In 60 stündiger Exposition erhielt er dann
auf dem Film zwischen 1 und 2 eine Schwärzung dort, wo der
Film die Zeichenebene schneidet, während die Schicht in den
dazu senkrechten Richtungen klar blieb. Leider sind von Hagas
Aufnahmen ebensowenig wie von denen Herwegs (vgl. S. 47)
Reproduktionen veröffentlicht.

Fünftes Kapitel.

Wir sahen im vorigen Kapitel, daß die Elemente einen Teil
der einfallenden Primärstrahlen zerstreuen, ohne daß diese durch
Streuung entstandenen Sekundärstrahlen sich in der Härte von
den primären in sicher nachgewiesenem Maße unterscheiden. —
Barkla und Sadler[1] haben im Jahre 1908 entdeckt, daß die
Elemente außer diesem Streuungsvermögen auch die Fähigkeit
haben, bei bestimmter Art der Erregung eine Sekundärstrahlung zu
emittieren, deren Impulsbreite, definiert durch ihre Absorbierbar-

[1] C. G. Barkla und C. A. Sadler, Phil. Mag. 16, 550—584 (1908).

keit, unabhängig von der Art der Erregung einen bestimmten
Wert besitzt. der für das Element ebenso charakteristisch ist, wie
für das Na-Atom z. B. die Wellenlänge einer D-Linie. Barkla
und Sadler haben diese Sekundärstrahlung als „charakteristische"
bezeichnet.

Die Erregung der charakteristischen Sekundärstrahlung setzt
erst ein, wenn die Impulsbreite der Primärstrahlen unter einen
unteren Grenzwert heruntergeht. In Ermangelung eines absoluten
Maßes definieren wir die Impulsbreite entweder wie früher durch
den Absorptionskoeffizienten μ in Al, oder durch die Geschwindigkeit der Kathodenstrahlen, von denen die Primärstrahlen auf einer
Al-Antikathode erzeugt werden.

Fig. 44.

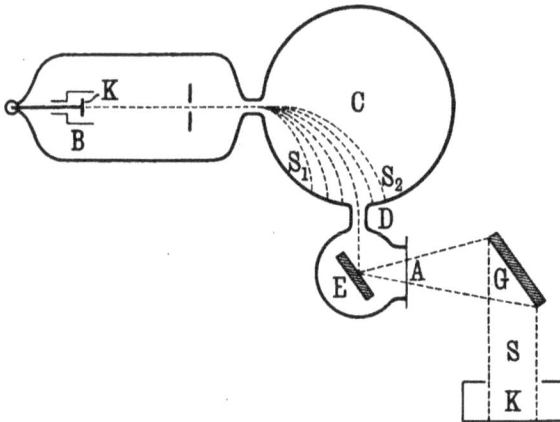

Die zweite Möglichkeit hat Whiddington[1]) benutzt, der den
in der Fig. 44 skizzierten Apparat konstruierte. Eine Kathode
K, an der der Kathodenfall durch eine verschiebbare Kappe B
variiert werden kann, sendet die Kathodenstrahlen in die Kugel C,
in der das Bündel durch ein zur Zeichenebene senkrechtes Magnetfeld in ein Spektrum $S_1 S_2$ ausgezogen wird. Ein kleiner, praktisch
homogener Teil dieses Spektrums fällt durch die Blende D auf
die Antikathode E und durch Regelung des Kathodenfalles und
des Magnetfeldes läßt sich dem Bündel jede beliebige Geschwindigkeit erteilen, mit der es auf E auffällt. Die primäre Röntgen-

---

[1]) R. Whiddington, Proc. Roy. Soc. 85, 323—332 (1911).

strahlung durchsetzt das dünne Al-Fenster A und fällt auf den Körper G, der die Sekundärstrahlen S emittiert, deren Intensität mit der Ionisierungskammer K elektroskopisch gemessen wird.

Beobachtet man die Intensität der Sekundärstrahlung, bei wachsenden Werten der Kathodenstrahlgeschwindigkeit v, so erhält man zunächst eine ganz geringe — durch Streuung ent-

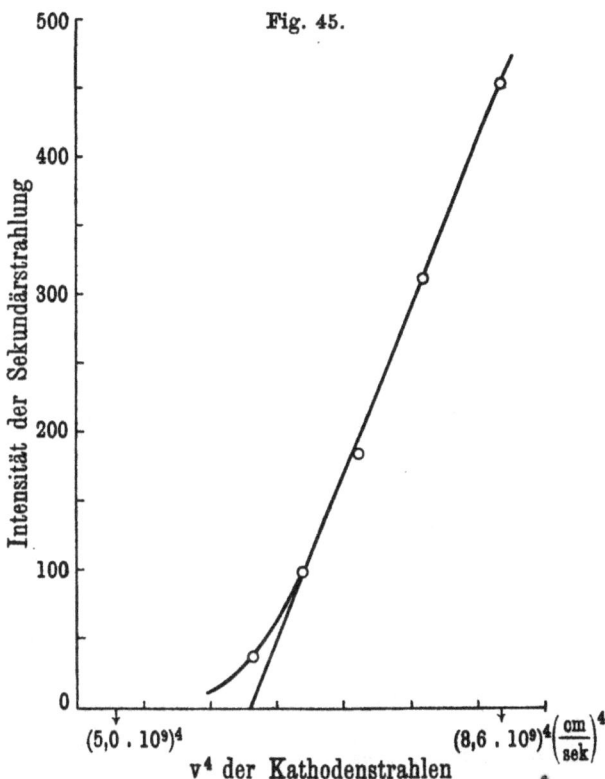

Fig. 45.

standene — Strahlung, und dann plötzlich bei einem bestimmten Werte von v einen rapiden Anstieg, der, bei konstanter Strombelastung des Entladungrohres BC proportional v^4, d. h. also nach der Gleichung (6) proportional der Energie E_R der primären Strahlung in die Höhe geht. Diese Sekundärstrahlung ist die „charakteristische". Die Fig. 45 erläutert den Gang einer Beobachtung an Fe, und in der Tabelle 28 sind Whiddingtons

Messungen über die Grenzgeschwindigkeit der primären Elektronen zusammengestellt, die für verschiedene Elemente zur Auslösung der charakteristischen Sekundärstrahlung mindestens erforderlich sind.

Tabelle 28.

Metall, an dem die charakteristische Sekundärstrahlung erzeugt wird	Atom-gewicht	Erforderliche Minimalgeschwindigkeit der Kathodenstrahlen im primären Rohre		Absorptions-koeffizient der Sekundärstrahlen in Al $\left(\frac{\mu}{\varrho}\right)$[1]
		Volt	cm/sec	cm².g⁻¹
Al	27,0	1 200	$2,06 . 10^9$	580
Cr	52,5	7 320	5,09·	136
Fe	56,0	9 600	5,83	88,5
Ni	58,6	10 750	6,17	59,1
Cu	63,2	11 080	6,26	47,7
Zn	65,1	11 280	6,32	39,4
Se	78,9	15 400	7,38	18,9

Der Vergleich der zweiten und vierten Kolumne zeigt, daß die Minimalgeschwindigkeit in erster Annäherung dem Atomgewicht[2] proportional ist und

$$v_{min.} = A . 10^8 \, \text{cm/sec} \quad \ldots \ldots \ldots \quad (43)$$

die Minimalgeschwindigkeit ergibt, mit der ein Elektron auf eine Al-Antikathode auffallen muß, um Röntgenstrahlen zu erzeugen, die in einem Elemente vom Atomgewicht A die charakteristische Sekundärstrahlung auszulösen vermögen.

Statt der primären Kathodenstrahlgeschwindigkeit hat Sadler[3] die durch die Absorbierbarkeit in Al, $\left(\frac{\mu}{\varrho}\right)_{Al}$, definierte Härte der Primärstrahlen benutzt, um den Grenzwert der Geschwindigkeit zu demonstrieren. Eine derartige Meßreihe Sadlers ist in der Fig. 46 wiedergegeben und der Beginn der Kurve bei $\left(\frac{\mu}{\varrho}\right)_{Al} = 85 \, \text{cm}^2 . \text{g}^{-1}$ zeigt den Härtegrad, bei dem die Sekundär-

---

[1] Vgl. Tabelle 31. — [2] Vgl. jedoch S. 131. — [3] C. A. Sadler, Phil. Mag. **18**, 107 (1909).

strahlen des Fe einsetzen. Eine weitere Erhöhung der Härte der primären Strahlen über den Grenzwert hinaus ergibt dann bei allen Elementen zunächst einen jähen Anstieg und darauf einen stetigen Abfall der charakteristischen Strahlung, wie die Fig. 46 ebenfalls erläutert [1]).

Die charakteristische Sekundärstrahlung besitzt keine durch die Richtung der erregenden Primärstrahlung bedingte Dissymmetrie, wie man sie an der durch Streuung entstandenen Sekundär-

Fig. 46.

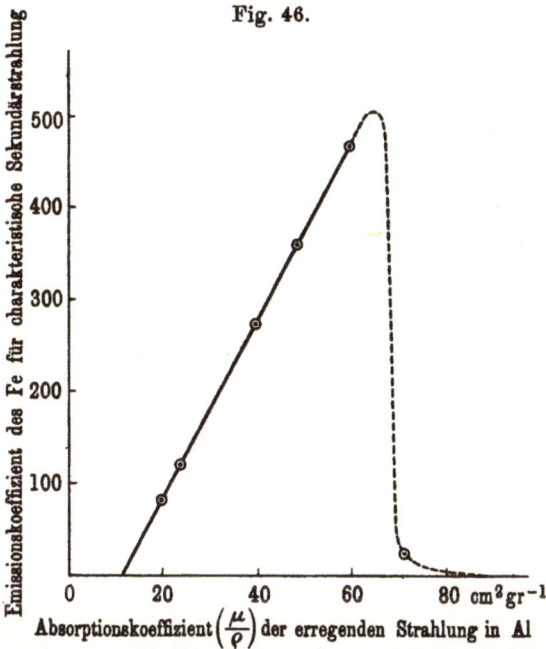

strahlung beobachtet hat. Die charakteristische Strahlung breitet sich nach allen Richtungen gleichmäßig aus, wie Barkla durch eingehende Messungen festgestellt hat. Ebenso· zeigt sie nach Barklas Versuchen keine Spur von Polarisation.

Die wesentliche Eigenschaft, die die charakteristischen Sekundärstrahlen auszeichnet, ist ihre vollständige Homogenität, und diese bietet uns die experimentelle Möglichkeit, die charakteristische

---

[1]) Nach neueren Messungen Sadlers [Phil. Mag. **22** 447 (1911)] schneidet die Kurve die Abszisse erst im Nullpunkt.

von der durch Streuung entstandenen sicher zu trennen. Die Absorption läßt sich streng nach der Formel

$$J = J_0\, e^{-\mu x}$$

darstellen, wir erhalten für μ konstante und nicht von der Schichtdicke x abhängige Werte, wie man sie an der inhomogenen Strahlung beobachtet, die von den Antikathoden der Röntgenrohre ausgehen. Als Beispiel folgen in der Tabelle 29 einige Zahlen von

Fig. 47.

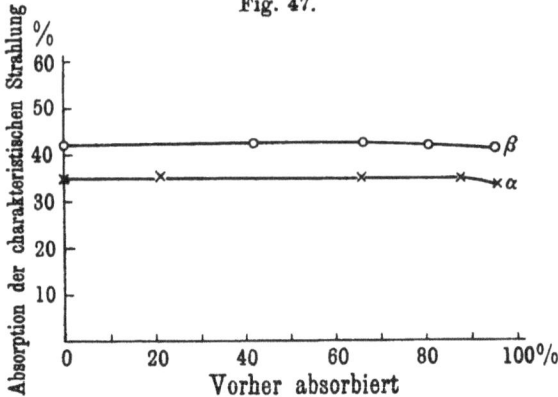

Barkla und Sadler[1]), die auch in der Fig. 47 graphisch dargestellt sind, um den Gegensatz zu der von Seitz analysierten Primärstrahlung in Fig. 24 recht deutlich hervortreten zu lassen.

Tabelle 29.

Die charakteristische Strahlung des Fe wird durch 13 μ Zn geschwächt um Proz.	Nachdem vorher durch Al absorbiert waren Proz.	Die charakteristische Strahlung des Cu wird durch 13 μ Zn geschwächt um Proz.	Nachdem vorher durch Al absorbiert waren Proz.
35,3	0	43	0
36,2	22	42,6	42,6
35,4	67	43,1	67,5
35,4	89	42	81,5
33,9	97	41,8	96,7
		42,5	0

[1]) C. G. Barkla und C. A. Sadler, Phil. Mag. **16**, 550—584 (1908).

Die Impulsbreite, oder experimentell die Absorbierbarkeit der charakteristischen Strahlen in Al, ist weder vom Aggregatzustand noch der chemischen Bindung des Atoms im Molekül abhängig. Die Tabelle 30 gibt nach Messungen von Chapman [1] die Werte für $\left(\dfrac{\mu}{\varrho}\right)_{Al}$ für die charakteristische Strahlung des Broms als Dampf in Äthylbromid und als feste Substanz in NaBr und BrOH. Ebenso gab die Überführung von Zinnchlorid in Sulfat keine Änderung in der Absorption der charakteristischen Strahlen, die die Meßfehler, etwa 3 bis 5 Proz., überstiegen hätte [2]. Auch die chemische Wertigkeit ist ohne Einfluß auf die Absorbierbarkeit, wie Glaßon [3] an dem Beispiel $FeSO_4$, Fe_2O_3 und Fe_3O_4 gezeigt hat.

Tabelle 30.

Vorherige Absorption durch Al Proz.	Absorption der charakteristischen Strahlung des Broms durch 63 μ Al		
	Äthylbromiddampf Proz.	NaBr fest Proz.	BrOH fest Proz.
0	24,1	24,8	24,0
24	24,4	24,3	24,5
42	24,1	23,4	24,2
56	23,6	24,0	24,3
67	24,0	24,1	24,1
75	24,7	23,6	—
$\left(\dfrac{\mu}{\varrho}\right)_{Al} =$	$16{,}4\,\mathrm{cm^2.g^{-1}}$	$16{,}2\,\mathrm{cm^2.g^{-1}}$	$16{,}3\,\mathrm{cm^2.g^{-1}}$

Die Impulsbreite der homogenen Sekundärstrahlung hängt vom Atomgewicht des Elementes ab. Barkla [4] hat alle bekannten Zahlen in der Tabelle 31 zusammengestellt.

Aus dieser Tabelle sieht man zunächst, daß für die Elemente mit einem Atomgewicht größer als 108 bereits zwei verschiedene charakteristische Sekundärstrahlungen festgestellt sind, und es ist möglich, daß weitere Untersuchungen ein ganzes Spektrum

---

[1] J. C. Chapman, Phil. Mag. 21, 446 (1911). — [2] Derselbe und E. D. Guest, Proc. Cambr. Soc. 16, 136—141 (1911). — [3] J. L. Glaßon, ebenda 15, 437—441 (1910). — [4] C. G. Barkla, Phil. Mag. 22, 396—412 (1911).

Tabelle 31.

Element	Atom-gewicht	Absorptionskoeffizient $\left(\dfrac{\mu}{\varrho}\right)_{Al}$ der charakteristischen Strahlung		Bemerkungen
		Reihe K cm². g⁻¹	Reihe L cm². g⁻¹	
H—Mg	1—24,3	—	—	μ/ϱ wahrscheinlich sehr groß.
Al	27,1	580	—	Whiddington.
S	32,07	—	—	
Ca	40,09	435	—	Noch unsicher.
Sr	52	136	—	
Fe	55,85	88,5	—	
Co	58,97	71,6	—	
Ni	58,68 (61,3 ?)	59,1	—	
Cu	63,57	47,7	—	
Zn	65,37	39,4	—	
As	74,96	22,5	—	
Se	79,2	18,9	—	
Br	79,92	16,4	—	
Rb	85,45	13,7	—	Unsicher.
Sr	87,62	9,4	—	Chapman: 11,1 cm⁻¹
Mo	96,0	4,7	—	„ 4,9 „
Rh	102,9	3,1	—	
Ag	107,9	2,5	700	⎫
Sn	119	1,57	—	⎪ Werte für die Reihe L
Sb	120,2	1,21	435	⎬ weniger sicher als
J	126,9	0,92	306	⎪ für Reihe K.
Ba	137,4	0,8	224	⎭
Ce	140,3	0,6	—	
W	184	—	33	⎫ Vorläufige Zahlen,
Pt	195	—	27,5	⎪ Homogenität noch
Au	197,2	—	25	⎬ nicht sicher er-
Pb	207,1	—	20	⎪ wiesen.
Bi	208	—	19	⎭

verschiedener charakteristischer Sekundärstrahlungen aufdecken
werden, die weiteren Vertikalreihen in der Tabelle 31 entsprechen
würden, und deren einzelne „Banden" oder „Linien" sich einstweilen bei den bisher üblichen Methoden der Beobachtung entziehen,

weil sie extrem große oder extrem kleine Absorbierbarkeit besitzen. Für Platin kann man vielleicht die Existenz einer weiteren, in eine dritte Vertikalreihe (M) gehörigen, sehr stark absorbierbaren charakteristischen Strahlung aus einer Beobachtung von Seitz[1] folgern. Seitz fand auf photographischem Wege, daß Pt eine (magnetisch nicht ablenkbare) Sekundärstrahlung erzeugt, die schon durch 1 μ Al stark absorbiert wurde, obwohl die Primärstrahlen von 1200 bis 3000 Volt erzeugt wurden. Wir wissen noch zu wenig über Röntgenstrahlen, die bei Entladungsspannungen unter 1000 Volt entstehen, und bei denen man keine Fenster mehr benutzen kann, sondern alle Messungen im Vakuumrohr selbst vornehmen muß, und auf der anderen Seite gehen die Untersuchungen an den schnellsten Kathodenstrahlen kaum über 10⁵ Volt hinaus.

Wenn man den Zusammenhang zwischen Atomgewicht und Absorbierbarkeit in Al, als vorläufiges Maß der Impulsbreite, graphisch darstellen will, trägt man als Ordinate zweckmäßig den Logarithmus des Absorptionskoeffizienten auf und findet dann, daß beide Größen in einer angenähert linearen Beziehung zueinander stehen (Fig. 48). Die einzige Ausnahme in den glatten Kurvenzügen bildet Ni, wenn man dessen chemisch bestimmtes Atomgewicht 58,7 zugrunde legt. Mit einem Atomgewicht von 61,3 würde es sich der Reihe einordnen, und Barkla und Sadler haben diesen Wert, obwohl er nach Sir J. Dewars neuesten Bestimmungen chemisch unzulässig ist, ihrem Kurvenbilde zugrunde gelegt, da es noch eine Reihe weiterer Fälle gibt, wo Nickel in seinem Verhalten gegenüber den Röntgenstrahlen seine Ausnahmestellung verliert, wenn man $A = 61,3$ statt 58,7 annimmt. Wir werden bei den späteren Ausnahmen des Ni auf diese Bemerkung zurückverweisen (vgl. S. 83, 94, 120).

Für alle Elemente mit einem Atomgewicht unter 27 ist bisher noch keine charakteristische Strahlung aufzufinden gewesen, vermutlich weil diese nach einer Extrapolation der Tabelle 31 eine außerordentlich geringe Durchdringungsfähigkeit besitzt. Daher sind gerade diese Elemente für Untersuchungen über die durch Streuung entstandenen Sekundärstrahlen ganz besonders geeignet.

---

[1] W. Seitz, Physik. Zeitschr. 7, 689 (1906).

Über das Emissionsvermögen der Elemente für charakteristische Röntgenstrahlen gibt es Meßreihen von Whiddington[1]) und Sadler, die einen erheblichen Anstieg dieser Größe mit dem Atomgewicht zeigen. Die Zahlen Whiddingtons geben das Steigungsverhältnis der linearen Kurven der Fig. 45 für verschiedene E'emente, bezogen auf Al als Einheit. Es sind also relative Werte für die Menge der charakteristischen Sekundärstrahlung, die aus der Oberfläche des Elementes austritt. Sadler hingegen mißt in Bruchteilen der einfallenden Primärstrahlung E_R die gesamte (E_s), nicht nur die aus der Oberfläche austretende

Fig. 48.

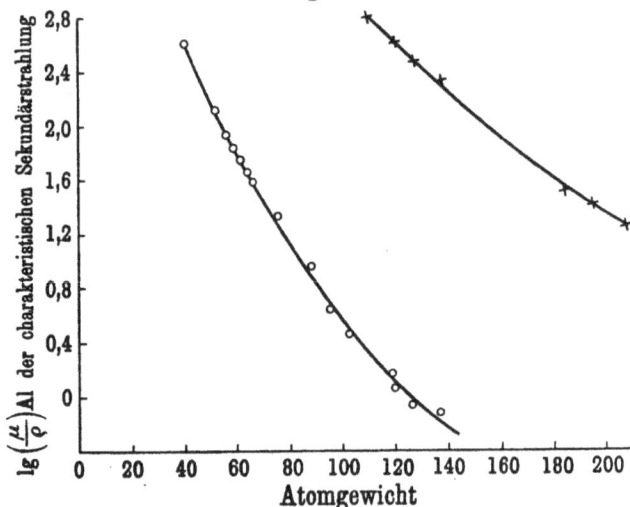

Sekundärstrahlung (E_a), die auf dem Wege von der Länge 1 erzeugt wird. $\varkappa$, der Emissionskoeffizient für charakteristische Sekundärstrahlen, ist daher definiert durch die Gleichung:

$$E_s = dE_R = \varkappa . E_R . dx \quad \ldots \ldots (44)$$

oder die Schwächung der Primärenergie von E_{R_0} auf E_R würde allein durch die Emission der charakteristischen Sekundärstrahlung nach der Gleichung

$$E_R = E_{R_0} e^{-\varkappa x} \quad \ldots \ldots \ldots (45)$$

erfolgen.

---

[1]) R. Whiddington, Proc. Roy. Soc. **85**, 323 (1911).

Man erhält K aus den beobachteten Zahlen $\dfrac{E_a}{E_R}$ aus der leicht herzuleitenden Beziehung:

$$\frac{E_a}{E_R} = \frac{\omega}{4\pi} S \cdot \varkappa \int_0^\infty e^{-(\mu_1 + \mu_2)x} dx = \frac{S \cdot \omega}{4\pi} \frac{\varkappa}{\mu_1 + \mu_2} \cdot \cdot (46)$$

wenn S die Fläche bedeutet, die das primäre Bündel E_R bestrahlt, ω den Öffnungswinkel der ins Meßinstrument fallenden Sekundärstrahlung und μ_1 bzw. μ_2 die Absorptionskoeffizienten für die primären bzw. sekundären Strahlen. Die Zahlen Whiddingtons und Sadlers sind in der Tabelle 32 vereinigt.

Tabelle 32.

Element	Atomgewicht	Relative Intensität der austretenden Sekundärstrahlen E_a	Emissionskoeffizient des Elementes für charakteristische Sekundärstrahlen K cm^{-1}
Al	27	1,00	—
Cr	52,5	10,0	50,5
Fe	56	30,0	137
Co	58,6	—	227
Ni	58,7 (61,3 ?)	46,5	288
Cu	63,2	59,1	390
Zn	65,1	72,7	412 [?] [1])
Se	78,9	91,0	—

Das Emissionsvermögen eines Elementes ist nach Barkla[2]) merklich unabhängig von seiner Temperatur, dem elektrischen Leitvermögen und der magnetischen Permeabilität. Ein elektrisch heizbares Eisenblech gab bei Zimmertemperatur und Weißglut innerhalb von 4 bis 6 Proz. die gleiche Menge charakteristischer Sekundärstrahlung.

Der Mechanismus der Emission der charakteristischen Sekundärstrahlung ist uns noch ganz unbekannt. Die strenge Homogenität der Strahlen legt ja die Analogie zu den aus der

---

[1]) Vgl. μ in der Tabelle 38. — [2]) C. G. Barkla, Phil. Mag. **11**, 812 (1906).

Optik bekannten Erscheinungen nahe, und die Annahme irgend
welcher Elektronenresonanzen von der erforderlichen hohen Eigenfrequenz wird kaum befremdlich erscheinen, wo neuerdings durch
die Untersuchungen von v. B a e y e r, H a h n, M e i t n e r und
D a n y s z die Existenz scharf ausgeprägter Geschwindigkeitsspektra
selbst im Gebiete der schnellsten β-Strahlen nachgewiesen ist.

Vor allem ist es eine Eigenschaft der charakteristischen
Strahlung, die die Analogie zur Optik geradezu herausfordert:
Wie nach der S t o k e s schen Regel eine Fluoreszenz nur durch
Licht größerer Frequenz hervorgerufen wird, so verlangt auch
die charakteristische Sekundärstrahlung zu ihrer Erregung ein
Durchdringungsvermögen der Primärstrahlen, das etwas größer
sein muß, als das der auszulösenden charakteristischen, deren Werte
in der Tabelle 31 zusammengestellt waren. So hat S a d l e r [1] an
Kurven, wie der für Fe in Fig. 46 reproduzierten, festgestellt, daß
die charakteristische Sekundärstrahlung an Fe, Co, Cu beginnt,
wenn die primären Strahlen die Absorbierbarkeit $\left(\dfrac{\mu}{\varrho}\right)_{\mathrm{Al}} =$ etwa
85, 70 und 47 cm². g^{-1} erreichen, während die entsprechenden
Koeffizienten der erregten charakteristischen Strahlen 88,5, 71,6
und 47,7 betragen.

B a r k l a und S a d l e r [2], die diese Regel entdeckt haben,
schlagen daher vor, die charakteristische homogene Sekundärstrahlung direkt als Fluoreszenz-Röntgenstrahlung zu bezeichnen,
und dieser Name wird auch häufig in der Literatur benutzt. Aber
man glaubt bereits heute einen Fall gefunden zu haben, in dem
die Regel nicht gilt, genau wie auch der lange als streng gültig
angesehene S t o k e s sche Satz in der Optik Ausnahmen besitzt, die
zuerst W o o d nachgewiesen hat. W h i d d i n g t o n [3] hat beobachtet,
daß Aluminium eine charakteristische Sekundärstrahlung emittiert,
deren Durchdringungsvermögen das der erregenden primären Strahlen erheblich übertrifft: Ein Röntgenrohr, in dem auf einem beweg-
lichen Schlitten verschiedene Metalle als Antikathoden in die Bahn
der Kathodenstrahlen hineingebracht werden können, wirft seine
Strahlen auf ein Al-Fenster, hinter dem die Intensität der Strahlen
elektrometrisch gemessen werden kann. Bei 1200 Volt bemerkt

[1] C. A. S a d l e r, Phil. Mag. **18**, 107 (1909). — [2] C. G. B a r k l a und
C. A. S a d l e r, ebenda **16**, 550 (1909). — [3] Proc. Roy. Soc. **85**, 99 (1911).

man dann die erste Röntgenstrahlung, deren Intensität dann in bekannter Weise mit der Spannung ansteigt [Gleichung (6)]. Sie ist vollständig homogen, ist bis zu 2600 Volt unabhängig vom Material der Antikathode und stellt die charakteristische Sekundärstrahlung des Al-Fensters dar, die durch die primären Röntgenstrahlen erzeugt wird, die selbst das 20 μ dicke Al-Fenster nicht zu durchdringen vermögen, da in dem austretenden Bündel keine inhomogene Strahlung vorhanden ist. Eine ganz analoge Beobachtung hat Seitz bereits im Jahre 1905 gemacht. Auch bei seinen Versuchen war die Strahlung, die von 1500 Volt an außerhalb des Fensters aus Al-Folie wahrgenommen wurde, homogen, und der Absorptionskoeffizient war unabhängig von der Spannung bis herauf zu 6000 Volt. Erst bei dieser Spannung beginnt der Anteil der primären Strahlung in dem austretenden Gemische merklich zu werden.

Treten durch Streuung entstandene und charakteristische Röntgenstrahlen an irgend einer Substanz gleichzeitig auf, so überwiegt der Anteil der letzteren ganz außerordentlich. Wir sahen im vorigen Kapitel, daß Cu Masse pro Masse ungefähr doppelt soviel Sekundärstrahlen durch Streuung emittiert, als eine Substanz, deren Komponenten kein Atomgewicht größer als 32 besitzen, wie z. B. Papier. Benutzt man nun als Erreger der Sekundärstrahlen ein primäres inhomogenes Strahlengemisch, das die charakteristische Sekundärstrahlung des Cu zu erregen vermag, so überwiegt in einem von Barkla und Sadler[1]) gegebenen Beispiel die von 1 g Cu insgesamt erzeugte Sekundärstrahlenergie die von 1 g Papier emittierte um das 196 fache. Schalten wir nun in den Gang der Sekundärstrahlen nach und nach Al zunehmender Dicke ein, so wird die charakteristische Strahlung des Cu verhältnismäßig intensiver geschwächt, als die zerstreute. Denn die Härte der charakteristischen Strahlung ist nach dem Fluoreszenzsatz geringer, als die der primären, und folglich auch als der zerstreuten, das Gemisch, das durch das Al-Blech hindurchgeht, wird relativ reicher an durch Streuung entstandenen Sekundärstrahlen, bis schließlich Cu nur rund doppelt soviel Sekundärstrahlen emittiert als Papier, wie es den relativen spezifischen Streuungskoeffizienten der Materialien entspricht. Einige Zahlen von Barkla und Sadler finden sich in der Tabelle 33.

---

[1]) C. G. Barkla u. C. A. Sadler, Phil. Mag. **16**, 550 (1908).

Tabelle 33.

Dicke des eingeschalteten Al-Bleches cm	Schwächung der totalen Sekundärstrahlung		Verhältnis von aus gleichen Massen Cu und Papier erzeugten Sekundärstrahlungen
	von Cu Proz.	von Papier Proz.	
0	0	0	196 : 1
0,0208	94,5	51,8	22 : 1
0,0416	99,3	66	4 : 1
0,0574	99,6	71	1,94 : 1
0,0782	99,74	78	1,85 : 1
0,0990	99,8	83	1,83 : 1

Das starke Überwiegen der charakteristischen Sekundärstrahlung über die durch Streuung entstandene zeigt sich auch
deutlich in Crowthers Versuchen über die Sekundärstrahlung
gasförmiger Verbindungen. Ist dort nach der Tabelle 21 die
relative Intensität der Sekundärstrahlung pro Masse, bezogen auf
Luft als Einheit in allen Fällen praktisch = 1, so steigt die
Zahl auf das 50- bis 70fache, wenn eins der Elemente ein Atomgewicht > 32 besitzt, also durch die von den technischen Rohren
gelieferten Primärstrahlen zur Emission der charakteristischen
Strahlung angeregt wird. Für sieben derartige Dämpfe sind
Crowthers Zahlen in der Tabelle 34 reproduziert. Die Absorbierbarkeit der Primärstrahlen betrug für eine Zn-Folie 25 Proz.,
die charakteristische Sekundärstrahlung ist hingegen, wie die
dritte Spalte zeigt, erheblich weniger durchdringend, während die
durch Streuung entstandene Sekundärstrahlung der in der Tabelle 21 aufgezählten Gase die gleiche Härte wie die primäre
zeigte.

Es bedarf wohl kaum der Erwähnung, daß die Zahlen der
zweiten Spalte stark von der Härte der Primärstrahlen abhängen,
je nachdem die Impulsbreite der der erregten charakteristischen
Strahlung ferner oder näher liegt (vgl. Fig. 46).

Die Überlagerung der charakteristischen und der durch
Streuung entstandenen Sekundärstrahlung erklärt eine große Reihe
von Messungen und Beobachtungen, die früher schwer zu deuten
waren, als die Existenz dieser beiden Arten der Sekundärstrahlung

noch nicht bekannt war. Einige typische Fälle wollen wir im folgenden aufzählen:

Zum Nachweis der Polarisation waren C, Al, Paraffin u. dgl. besonders geeignet, während schwerere Metalle als Ausgangspunkt der Strahlen keine, oder wenigstens keine quantitativ sicheren Resultate gaben. Der Grund liegt darin, daß die Elemente mit höherem Atomgewicht nur einen kleinen Bruchteil der Sekundärstrahlung durch Streuung erzeugen, während der weitaus größere Teil von der charakteristischen Strahlung geliefert wird, die völlig ungerichtet ist und sich nach allen Seiten gleichmäßig ausbreitet, gleichgültig, wie, z. B. in der Fig. 26, der elektrische Vektor orientiert war.

Tabelle 34.

Dampf	Relative Intensität J der Sekundärstrahlung $\perp$ zur Primärstrahlung	Prozentische Absorption in einer Zn-Folie Proz.	Relative Dichte des Gases D	$\dfrac{J}{D}$
Luft	1,00	25	1,00	1,00
OCl_4	8,6	27	5,35	1,61
$Ni(CO)_4$ . . .	8,1	73	5,90	1,37
$As H_3$	205	65	2,71	75,0
$C_2H_5Br_2$ . . .	217	54	3,78	57,5
$C_2H_4Br_2$ . . .	445 [1]	50	6,53	68,2
$Sn Cl_4$	72,1	24	9,01	8,0
CH_3J	41,5	25	4,96	8,4

Geht ein homogenes Strahlenbündel, z. B. die charakteristische Sekundärstrahlung des Ag, durch ein Element mit kleinerem Atomgewicht hindurch, das nun seinerseits eine charakteristische Sekundärstrahlung emittiert, so ist das Bündel nach dem Durchgang inhomogen. Wurden z. B.[2] durch ein Al-Blech 14 Proz. absorbiert, gleichgültig, ob vorher schon von Al bis zu 97 Proz. aller Strahlen fortgenommen waren, so absorbiert das gleiche Blech 22 Proz., wenn die homogene Strahlung durch ein Fe-Blech gegangen und mit dessen charakteristischer Sekundärstrahlung

---

[1] Genauere Zahlen bei J. A. Crowther, Proc. Cambr. Soc. **15**, 101 (1909). — [2] C. G. Barkla und C. A. Sadler, Phil. Mag. **17**, 739 (1909).

untermischt war. Daraus erklärt sich unter anderem, warum die partielle Polarisation eines primären Röntgenbündels zwar zunimmt, wenn die ungerichteten weichen Strahlen des Gemisches durch Filtration entfernt werden, wie dies Barkla, Baßler und Vegard mit Al, Papier usw. getan haben, daß aber der Betrag der beobachteten Polarisation heruntergeht, wenn man als Filter Schwermetalle, etwa Pb, benutzt, wie dies bei Ham[1]) der Fall war.

Schon in der eigenen Antikathode muß ein primäres Röntgenstrahlbündel mit der charakteristischen Sekundärstrahlung des Antikathodenmetalles vermischt werden, falls die beim ersten Anprall erzeugten Röntgenstrahlen die Härte der charakteristischen Strahlen übertreffen. Durch diese charakteristische Strahlung wird die Homogenität der Primärstrahlung noch erheblich weiter vermindert, als dies schon durch die allmähliche Bremsung der Elektronen auf der zickzackförmigen Bahn geschah, und daher rührt ein großer Betrag der ungerichteten Strahlung, die die experimentelle Prüfung der aus der Gleichung (35) gezogenen Folgerungen so erschwerte[2]).

Auch die Verteilung der Sekundärstrahlenergie um den sie emittierenden Körper hängt wesentlich davon ab, ob dieser Körper durch Streuung entstandene oder charakteristische Sekundärstrahlen emittiert, und ob diese Strahlen hinter Filtern untersucht werden, die die durchgehenden Strahlen mit charakteristischen Sekundärstrahlen durchsetzen, oder nicht. Daher stammten die etwas verwickelten Resultate, die Bragg und Glaßon beobachteten, als sie die Vorzugsrichtung der Sekundärstrahlen in Richtung der primären Strahlen entdeckten, die, wie wir durch die späteren Arbeiten von Crowther, Owen u. a. wissen, nur den Sekundärstrahlen eigentümlich ist, die durch Streuung entstehen.

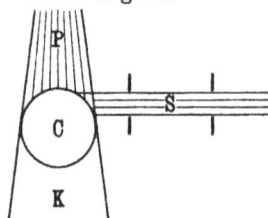

Fig. 49.

Eine Ermüdung der Elemente in der Emission der charakteristischen Sekundärstrahlung, analog dem zeitlichen Nachlassen

---

[1]) W. R. Ham, Phys. Rev. **30**, 96—112 (1910). — [2]) Vgl. jedoch Seite 131.

des Fluoreszenzlichtes in der Optik, ist von Chapman[1]) ebenso
vergebens gesucht, wie bei der Emission der durch Streuung entstandenen Strahlen. Chapman verglich die Sekundärstrahlung S,
die ein mit 60 Touren pro Sekunde laufender Zylinder C emittierte,
mit der Intensität der primären Strahlen P. Er fand keinen
Unterschied, ob der schmale, emittierende Streifen der Zylinder-
oberfläche vorher den Strahlenkegel P des primären Bündels oder
dessen Schatten K durchlaufen hatte, d. h. C im Sinne oder im
Widersinne des Uhrzeigers rotierte (Fig. 49).

Sechstes Kapitel.

Die vielfältige Analogie zwischen dem Verhalten der Röntgenstrahlen und dem des Lichtes, die uns in den bisherigen Kapiteln
begegnete, bleibt auch bei den Erscheinungen der Absorption erhalten. Nur scheinen auch hier bei den Röntgenstrahlen alle
Einflüsse zu verschwinden, die mit der räumlichen Gruppierung
und der Nachbarwirkung der Atome in Beziehung stehen, wie
Dichte, Temperatur, Aggregatzustand und chemischer Zustand,
die für die optischen Eigenschaften einer Substanz, für Lage,
Breite und Intensität ihrer Absorptionsstreifen von wesentlicher
Bedeutung sind.

Benoist[2]) stellte schon 1897 fest, daß die Absorption eines
Gases in einem 0,75 m langen Rohre zwischen 1 und 2 Atm.
proportional der Dichte sei, Rutherford und McClung[3])
fanden eine Konstanz des Absorptionskoeffizienten $\frac{\mu}{\varrho}$ in Luft
pro Masseneinheit bei etwa 12 cm Parallelfunkenstrecke, also
harten Strahlen, und für Drucke unter einer Atmosphäre hat
Crowther[4]) einen streng linearen Zusammenhang mit der Absorption beobachtet. Die Messungen erfolgen einfach in der
Art, daß in den Gang der Strahlen ein evakuiertes Rohr be-

---

[1]) J. C. Chapman, Proc. Cambr. Soc. 16, 142 (1911). —
[2]) L. Benoist, Compt. rend. 124, 146—148 (1897). — [3]) E. Rutherford u. R. K. McClung, Phil. Trans. London 196, 25—29 (1901). —
[4]) J. A. Crowther, Proc. Roy. Soc. 82, 103—127 (1909).

kannter Länge eingefügt und dann hinterher die Schwächung der Strahlungsintensität durch die Gasfüllung von bekanntem Druck bestimmt wird.

Die Unabhängigkeit des Absorptionskoeffizienten pro Masseneinheit von der Temperatur hat Malagoli[1]) festgestellt.

Tabelle 35.

Druck Atm.	Absorptionskoeffizient μ/ϱ in Luft cm^2. g^{-1}
0,5	0,244
1,0	0,223
2,0	0,233
3,0	0,222

Gladstone und Hilbert[2]), Humphreys[3]) u. a. haben gefunden, daß die Absorption der Elemente in Verbindungen eine additive Eigenschaft der Atome ist. So berechnete Humphreys die Absorption von Metallegierungen aus den Zahlen für die Komponenten, die er seinen Messungen an Metallsulfiden entnahm, und Holtsmark fand beispielsweise für Hg aus Chlorid $\frac{\mu}{\varrho} = 44$ cm^2. g^{-1} und für metallisches Hg $\frac{\mu}{\varrho} = 43$ cm^2. g^{-1}.

Auch der Aggregatzustand scheint keinen erheblichen Einfluß zu besitzen. Für Hg-Dampf fand Holtsmark $\frac{\mu}{\varrho} = 27$ cm^2. g^{-1}, wobei wahrscheinlich die weichen Strahlen schon durch die Glaswände des Hg-Dampf enthaltenden Kolbens entfernt waren, und für flüssige Luft 0,48 cm^2. g^{-1}, während Rutherford und McClung mit einem härteren Röntgenrohr für Luft von Atmosphärendruck 0,22 cm^2. g^{-1} beobachtet hatten.

Walter[4]) zeigte, daß die Absorption in Quarz auch von der Orientierung der Strahlen relativ zur Kristallachse unabhängig ist.

[1]) R. Malagoli, N. Cim. (5) 1, 445 (1901). — [2]) J. H. Gladstone u. W. Hilbert, Chem. News 74, 235 (1896); 78, 199 (1898). — [3]) W. J. Humphreys, Phil. Mag. 44, 401 (1897). — [4]) B. Walter, Naturw. Rundschau 11, 213—214 (1896).

Millikan und More[1]) haben jüngst festgestellt, daß es für die Größe der Absorption ohne Einfluß ist, ob die absorbierende Substanz gleichzeitig von einer zweiten, etwa senkrecht zur ersten gerichteten Strahlung durchsetzt wird, ebenso wie es in der Optik noch nicht gelungen ist, die Absorption in einem fluoreszierenden Medium dadurch zu ändern, daß man dieses zur Fluoreszenz erregt.

Besitzen auch die Versuche bei verschiedener Dichte, Temperatur und chemischer Bindung durchaus nicht den wünschenswerten Grad experimenteller Genauigkeit, um jeden Einfluß auf die Absorbierbarkeit ausgeschlossen erscheinen zu lassen, so kann doch als sicher gelten, daß die Größe der Absorption im wesentlichen nur von den Eigenschaften des Atoms bestimmt wird. Nachdem schon Röntgen[2]) erkannt hatte, daß die Strahlen in verschiedenen Elementen nicht wie die Kathodenstrahlen nach Lenards Untersuchungen proportional der durchstrahlten Masse geschwächt werden, wurde die Beziehung der Absorption zum Atomgewicht gefunden, insbesondere die Durchlässigkeit der leichten Atome[3]) und die Abnahme der Durchlässigkeit[4]) mit wachsendem Atomgewicht. Benoist und Holtsmark haben ausführliche Reihen über die Abhängigkeit des Absorptionskoeffizienten pro Masseneinheit $\frac{\mu}{\varrho}$ vom Atomgewicht gegeben und einige ihrer Zahlen sind in der Tabelle 36 wiedergegeben.

Schon diese drei Reihen zeigen, was auch durch zahlreiche weitere Beobachtungen bestätigt wird, daß die Absorption eine ausgesprochen selektive Eigenschaft ist, d. h. die relativen Absorptionskoeffizienten für verschiedene Elemente stark mit der Erzeugungsweise der untersuchten Strahlen variieren. So ist der Absorptionskoeffizient des Ag bei einem weichen, mit niedriger Spannung betriebenen Röntgenrohr nur zehmal größer, bei einem harten Rohr hingegen 18mal größer als der des Al.

Bei der weiteren Untersuchung der selektiven Absorption ergibt sich nun die schon mehrfach erwähnte Schwierigkeit, daß

---

[1]) R. A. Millikan u. E. J. More, Phys. Rev. **30**, 131 (1910). — [2]) I. Mitteilung. — [3]) J. Waddell, Chem. News **76**, 161—163 (1897). — [4]) Lord Blythswood u. E. W. Marchant, Proc. Roy. Soc. **65**, 413—428 (1899); R. K. McClung u. D. McIntosh, Phil. Mag. **3**, 68—79 (1902).

wir bis jetzt die Impulsbreite der Röntgenstrahlen nicht messen und daher den Absorptionskoeffizienten nicht einfach als Funktion der Impulsbreite darstellen können, wie dies in der Optik bei Kenntnis der Wellenlänge geschieht. Wir müssen uns einstweilen damit behelfen, eine bestimmte Strahlung durch irgend ein vorläufiges Maß zu charakterisieren, und als solches bietet sich zunächst die Geschwindigkeit der Elektronen, durch die die Röntgenstrahlen auf einer Antikathode aus einem bestimmten Material erzeugt werden. In dieser Weise hat Adams[1]) eine Reihe von Messungen angestellt, indem er das primäre Kathodenstrahlbündel auf der Antikathode in ein magnetisches Spektrum zerlegte und die Energie der Röntgenstrahlen mit dem Radiomikrometer bestimmte.

Tabelle 36.

Element	Atomgewicht	Absorptionskoeffizient		
		nach Benoist[2])	nach Holtsmark	
		harte Strahlen $cm^2 . g^{-1}$	harte Strahlen $cm^2 . g^{-1}$	weiche Strahlen $cm^2 . g^{-1}$
Al . . .	27	0,97	1,34	2,03
S	32	1,96	2,8	2,8
Fe . . .	55,5	7,5	11,9	12
Cu . . .	63,1	8,1	11,2	17,1
Zn . . .	65	8,4	16,4	18,6
Ag . . .	108	17,7	16,4	21,6
Sn . . .	118	17,7	16,9	19,2
Pt . . .	193	22	30,7	41,5
Au . . .	196	28	47	78
Hg . . .	199	22	42	43
Pb . . .	205	22	32,5	—

In einer vorläufigen Beschreibung der Resultate teilt Adams mit, daß die Kurven, die den Absorptionskoeffizienten als Funktion der primären Geschwindigkeit v darstellen, im allgemeinen mit

---

[1]) J. M. Adams, Phys. Rev. **26**, 202 (1908). — [2]) Benoists Zahlen sind unter Benutzung eines von Holtsmark gegebenen Ausschußwertes auf absolutes Maß, $\frac{\mu}{\varrho}$ [$cm^2 . g^{-1}$], umgerechnet.

— 93 —

wachsenden Werten von v linear ansteigen, daß aber manche
Metalle auch Kurven mit ausgeprägten Maximis und Minimis besitzen. Leider scheinen die näheren Daten bisher nicht publiziert
zu sein.

Ham[1]) hat die Energie der Strahlen nicht durch die Wärme-
wirkung, sondern durch die Ionisation gemessen und hat einige
Zahlen für den Absorptionskoeffizienten in Blei veröffentlicht, die
beim Gleichstrombetriebe des Rohres erhalten wurden. Die Zahlen
finden sich in der Tabelle 37 und ergeben einen kontinuierlichen
Anstieg des Absorptionskoeffizienten μ mit abnehmender Elektronengeschwindigkeit, und daher ist die Absorption im Blei, in
dem Impulsbreitenintervall, das den Spannungen von 14 000 bis
26 000 Volt entspricht, nicht selektiv.

Tabelle 37.

Spannung Volt	Absorptions- koeffizient μ in Pb cm^{-1}
14 300	1144
15 600	1116
17 500	1029
21 000	911
24 800	909
26 000	860

Will man die Geschwindigkeit der Elektronen, durch die die
Röntgenstrahlen auf der Antikathode erzeugt werden, als vorläufiges Maß der Impulsbreite benutzen, so ist nicht immer direkt
eine Messung der Elektronengeschwindigkeit, wie sie Adams
und Ham ausgeführt haben, erforderlich. Wir sahen im vorigen
Kapitel, daß die Durchdringungsfähigkeit der homogenen charakteristischen Sekundärstrahlung nicht merklich von der Durchdringungsfähigkeit der Primärstrahlen verschieden ist, die gerade
imstande, die homogene Strahlung zu erregen, und wir sahen
ferner, daß zur Erzeugung dieser gerade wirksamen Primärstrahlung an einer Al-Antikathode Elektronen von der Geschwindig-

[1]) W. R. Ham, Phys. Rev. **30**, 96 (1910).

Tabelle 38.

Charakteristische homogene Sekundärstrahlung der Elemente	Absorptionskoeffizient $\frac{\mu}{\varrho}$ für die Elemente [cm².g⁻¹]											Atomgewicht
	C	Mg	Al	Fe	Ni	Cu	Zn	Ag	Sn	Pt	Au	
Al	15,3	—	580	—	—	3900	—	2020	1030	2010	1760	27
Cr	—	126,5	136	103,8	129	143	170,5	580,5	713,7	[516,8]	[507]?	52
Fe	10,1	80	88,5	66,1	83,8	95,1	112,5	381	472	340	367	55
Co	7,96	63,5	71,6	67,2	67,2	75,3	91,5	314	392	281	306	58
Ni	6,58	51,8	59,1	314	56,3	61,8	74,4	262	328	236	253	[61]*
Cu	5,22	41,4	47,7	268	62,7	53,0	60,9	214	272	194	210	63
Zn	4,26	34,7	39,4	221	265	55,5	50,1	175	225	162,5	178,2	65
As	2,49	19,3	22,5	134	166	176	203,5	105,3	131,5	105,7	106,1	74
Se	2,04	15,7	18,9	116,3	141,3	149,8	174,6	87,5	112	93,0	100,0	78,5
Ag	41	2,2	2,5	17,4	22,7	24,3	27,1	13,3	16,5	56,5	61,4	107

keit $A \cdot 10^8 \frac{cm}{sec}$ erforderlich sind, wenn A das Atomgewicht des Sekundärstrahlers bedeutet. Erregt man also z. B. an Fe eine charakteristische Strahlung, so erhält man ein intensives, streng homogenes Bündel, das einer Primärstrahlung gleicht, die durch eine Elektronengeschwindigkeit von $55 \cdot 10^8 \frac{cm}{sec}$ auf einer Al-Antikathode erzeugt wird. Die charakteristische Strahlung für Ag würde $107 \cdot 10^8 \frac{cm}{sec}$, d. h. etwa 0,3 Lichtgeschwindigkeit entsprechen usw., und so kann man für diese Strahlen verschiedener Impulsbreite den Absorptionskoeffizienten eines Elementes in seiner Abhängigkeit von der primären Kathodenstrahlgeschwindigkeit erhalten. Barkla und Sadler[1] haben die Absorbierbarkeit der homogenen Sekundär-

[1] C. G. Barkla und C. A. Sadler, Phil. Mag. 17, 739—758 (1909).

— 95 —

strahlung von neun Elementen in elf verschiedenen Elementen
ermittelt, und ihre Resultate finden sich in der Tabelle 38. Die
oberste Horizontalreihe ist nach neueren Messungen Whiddingtons[1]) eingefügt.

In der Fig. 50 sind dann die Absorptionskoeffizienten für
die Metalle Al, Ag, Fe, Ni und Zn graphisch dargestellt. Die
Abszisse gibt die Geschwindigkeit der Kathodenstrahlen, durch
die die Röntgenstrahlen erzeugt werden, oder das Atomgewicht
des Elementes, das eine gleich durchdringende Sekundärstrahlung
emittiert. Die Absorption fällt, wie qualitativ längst bekannt,
zunächst bei allen Elementen kontinuierlich mit zunehmender
Geschwindigkeit der Kathodenstrahlen, dann steigt sie für einige
Elemente in der Fig. 50, Fe, Ni, Zn, rapide, es tritt eine
starke selektive Absorption auf, der dann bei weiterer Abnahme
der Geschwindigkeit v eine abermalige kontinuierliche Abnahme
des Absorptionskoeffizienten folgt. Bei Al, Mg, Ag u. a. hingegen fehlt in dem vorliegenden Bereich der Kathodenstrahlen

ein selektives Gebiet, und die Abnahme von $\frac{\mu}{\varrho}$ mit zunehmender

Geschwindigkeit erfolgt bei diesen Metallen in ähnlichen, nur
durch einen konstanten Faktor unterschiedenen Kurven. Infolgedessen kann man zur Charakterisierung der absorbierten Strahlung statt der zugehörigen Kathodenstrahlgeschwindigkeit nun
auch die Werte in einem dieser nicht selektiv absorbierenden
Elemente benutzen. Der Absorptionskoeffizient kann uns dann,
wie wir schon früher erwähnten, genau so gut als vorläufiges
Maß der Impulsbreite dienen, wie wir in der Optik den Brechungsindex einer Substanz als Maß für die Lichtwellenlänge anwenden
können, solange wir einer Absorptionsbande fern bleiben, in der
der Brechungsindex einen anomalen Verlauf ergibt.

Ob wir zur Charakterisierung der Impulsbreite Al oder Ag
benutzen, ist für die Zahlen der Tabelle 38 gleichgültig. Ein
selektives Gebiet des Al liegt nach der Tabelle 28 in der Fig. 50
bei der Kathodenstrahlgeschwindigkeit von etwa $20.10^8 \frac{cm}{sec}$, entsprechend etwa 1200 Volt, eins des Ag bei etwa $10^{10} \frac{cm}{sec}$ oder

---

[1]) R. Whiddington, Proc. Roy. Soc. **85**, 99—118 (1911).

etwa 50 000 Volt. 50 000 Volt ist die Betriebsspannung eines Röntgenrohres mittlerer Härte, 1200 Volt hingegen ist erst für einige wenige Untersuchungen benutzt, und daher ist es vorteilhaft, nicht Ag, sondern Al als Metall zu benutzen, dessen $\frac{\mu}{\varrho}$ man als vorläufiges Maß für die Impulsbreite einer Strahlung ver-

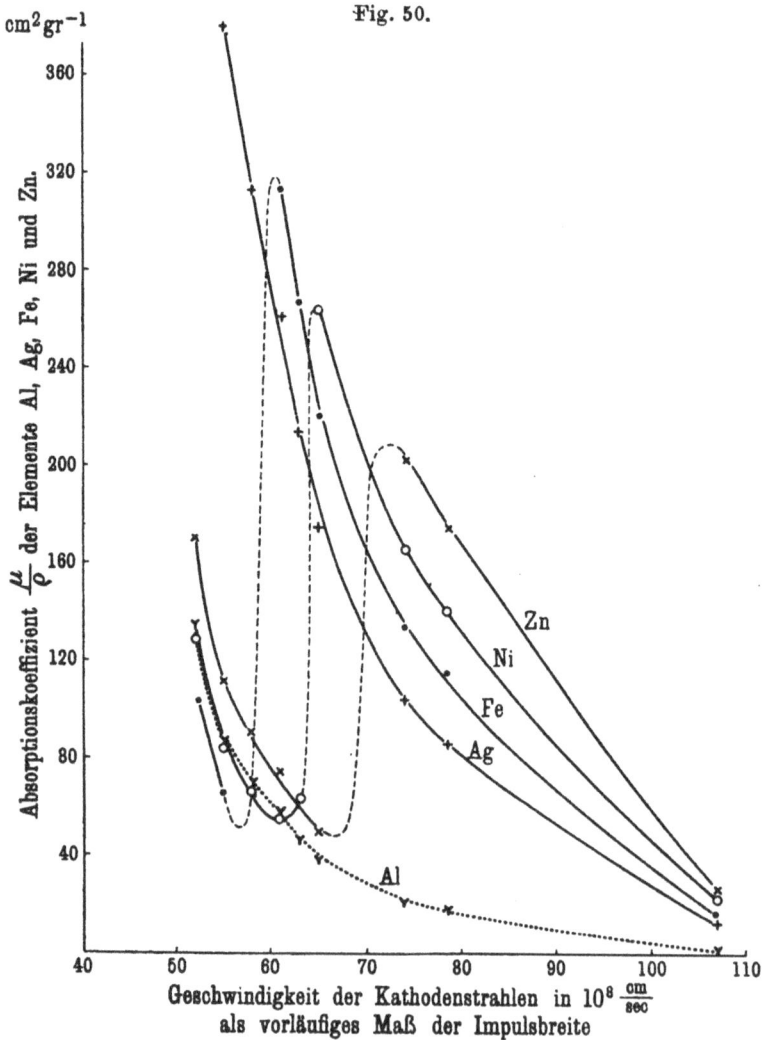

Fig. 50.

wendet. Gegen die Wahl von Ag spricht des weiteren noch der Umstand, daß es ein zweites selektives Gebiet besitzt, dessen Lage ungefähr mit dem des Al bei 1200 Volt übereinstimmt. Auf der anderen Seite hat Al vor den Metallen mit noch kleinerem Atomgewicht, wie etwa Li mit $A = 7$, den Vorzug, in Form handlicher Bleche anwendbar zu sein, und daher ist es zurzeit allgemein üblich, Al als Normalabsorptionssubstanz zu benutzen.

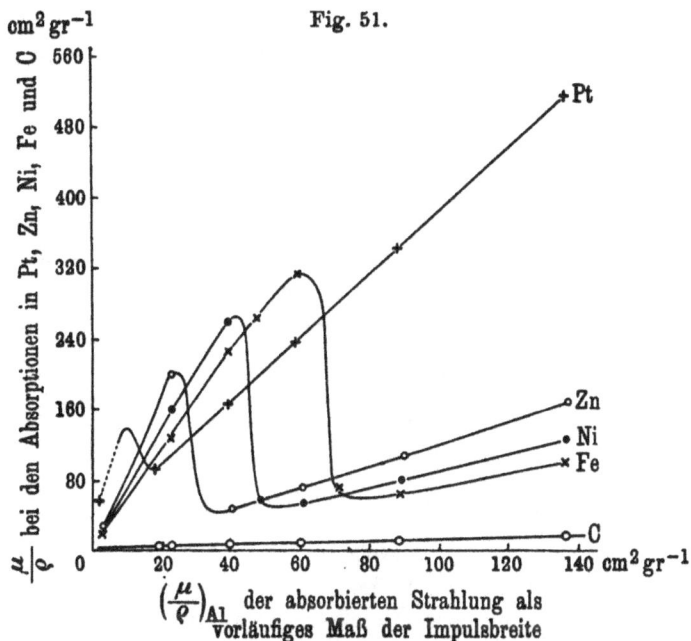

Fig. 51.

$\left(\frac{\mu}{\varrho}\right)_{Al}$ der absorbierten Strahlung als vorläufiges Maß der Impulsbreite

Trägt man die Zahlen der Tabelle 38 in ein Diagramm ein, dessen Abszisse die Werte $\left(\dfrac{\mu}{\varrho}\right)_{Al}$ für die zu absorbierende Strahlung darstellt, so treten an Stelle der gekrümmten Kurvenstücke gerade Linien und man erhält das sehr anschauliche Bild der Fig. 51. In beiden Formen der graphischen Darstellung zeigen die Kurven eine außerordentlich ausgeprägte selektive Absorption gewisser Elemente für bestimmte Impulsbreiten. Das Maximum der Durchlässigkeit liegt z. B. bei Eisen bei der Impulsbreite, der eine Kathodenstrahlgeschwindigkeit von etwa $5,6 \cdot 10^9 \dfrac{cm}{sec}$ oder

eine Absorbierbarkeit in Al von $\left(\dfrac{\mu}{\varrho}\right)_{Al} = 80 \text{ cm}^2 . \text{g}^{-1}$ entspricht,
und das sind, wie die Tabellen 28 und 31 zeigen, gerade die Werte,
die der charakteristischen Sekundärstrahlung des Eisens entsprechen. Das gleiche gilt von den übrigen Zahlen, und somit besitzt ein jedes Element eine selektiv ausgeprägte Durchlässigkeit
für die Impulsbreite, mit der das Element die eigene charakteristische Sekundärstrahlung emittiert.

Vergleicht man die in Fig. 46 und 51 für Fe ausgezogenen
Kurven, so sieht man, daß nicht nur das Minimum des Absorptionskoeffizienten für die Impulsbreite der charakteristischen sekundären
Fe-Strahlung eintritt, sondern daß auch der Verlauf von $\left(\dfrac{\mu}{\varrho}\right)$
im ganzen selektiven Absorptionsgebiete der Intensität der in Fe
erzeugten charakteristischen Strahlung parallel geht. Die Durchlässigkeit fällt mit abnehmender Impulsbreite in gleicher Weise,
wie die Emission der sekundären Energie zurückgeht, und daher
kann es kaum zweifelhaft sein, daß die starke selektive Absorption
in Fe für $\left(\dfrac{\mu}{\varrho}\right)_{Al} < 80 \text{ cm}^2 . \text{g}^{-1}$ dadurch verursacht ist, daß Fe
seine charakteristische Strahlung emittiert, deren Energie, wie
wir auf S. 85 sahen, den Betrag der durch Streuung entstandenen
Sekundärstrahlung, wie sie für $\left(\dfrac{\mu}{\varrho}\right)_{Al} > 80 \text{ cm}^2 . \text{g}^{-1}$ allein auftritt, um ungefähr das Hundertfache übertrifft. Das gleiche wie
für Fe gilt für die anderen Elemente, und dieser Zusammenhang
der charakteristischen oder Fluoreszenzstrahlung mit der selektiven Absorption ist ein weiteres Analogon zur Optik, wo ebenfalls die Emission einer Fluoreszenzstrahlung an das Auftreten
einer selektiven Absorption gebunden ist.

Es scheint, daß jede Emissionsbande der charakteristischen
Strahlung eines Elementes das gleichzeitige Auftreten einer Bande
selektiv gesteigerter Absorption bedingt, denn Chapman[1]) hat
jüngst auch für die zweite Spektralbande des Bleies, deren Impuls-
breite nach der Tabelle 31 einem Werte $\left(\dfrac{\mu}{\varrho}\right)_{Al} = 20 \text{ cm}^2 . \text{g}^{-1}$ entspricht, eine Kurve aufnehmen können, die, wie die Fig. 52 zeigt,

---

[1]) C. R. Chapman, Proc. Cambr. Soc. **16**, 399 (1912).

der an Fe usw. für die erste Spektralbande (vertikale Reihe der Tabelle 31) erhaltenen durchaus analog ist [1]).

Zur Erregung dieser zweiten charakteristischen Bande des Bleies bediente sich Chapman einer harten Primärstrahlung. Eine Parallelfunkenstrecke zum Röntgenrohr hatte eine Länge von 15 cm, und alle weniger durchdringenden Komponenten des primären Bündels wurden durch dickes Al entfernt.

Die Absorption der charakteristischen Strahlung durch 67 μ Al ergab sich nach Abzug der durch Streuung entstandenen Sekundärstrahlung zu 26 Proz., gleichgültig, ob 12, 52 oder 86 Proz. vorher durch Absorption entfernt waren. Die Strahlung war also streng homogen, und für $\left(\dfrac{\mu}{\varrho}\right)$ in Al folgt der Wert 17,4 cm². g⁻¹, etwas kleiner, als Barkla in der Tabelle 31 angegeben hatte.

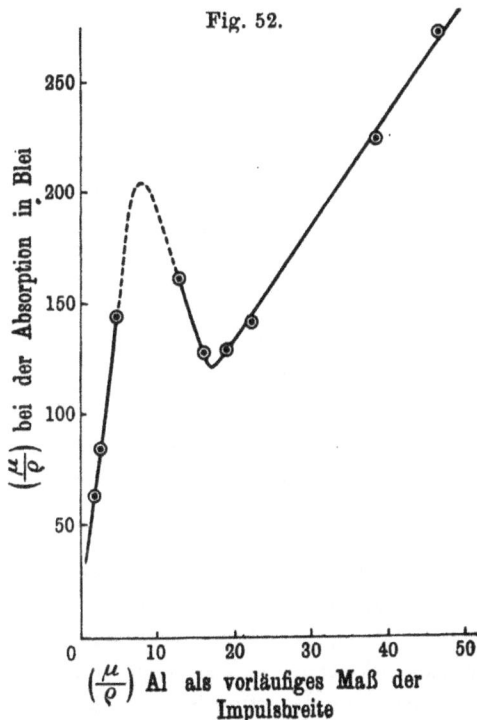

Fig. 52.

Ordinate: $\left(\dfrac{\mu}{\varrho}\right)$ bei der Absorption in Blei

Abszisse: $\left(\dfrac{\mu}{\varrho}\right)$ Al als vorläufiges Maß der Impulsbreite

Betrachten wir jetzt einige Folgerungen, die sich aus der Existenz der selektiven Absorptionen ergeben. Kaye [2]) hat festgestellt, daß die Primärstrahlung, die ein mit 25 000 Volt betriebenes Röntgenrohr (67 μ dickes Al-Fenster) bei verschiedenem Antikathodenmaterial emittiert, für Absorptionsfilter aus dem gleichen Metall wie die

---

[1]) Die Ordinaten geben nicht genau den Wert μ/ϱ, sondern sind mit einem noch unbekannten, von 1 wenig verschiedenen Faktor zu erweitern. — [2]) G. W. C. Kaye, Proc. Cambr. Soc. 14, 236 (1907).

Antikathode ein besonderes Durchdringungsvermögen besitzt, wie die Tabelle 39 zeigt.

Tabelle 39.

Material der Antikathode	Durchgelassene Menge in willkürlichen Einheiten von einem Schirme aus			
	Pt	Cu	Ni	Fe
Pb	88	24	41	26
Pt	100	24	41	25
Ag	66	21	35	22
Cu	29	35	33	12
Ni	24	26	83	11
Fe	19	6	29	80
Al	9	3	9	5

25000 Volt vermögen nach der Tabelle 31 in Cu, Ni und Fe die charakteristische Sekundärstrahlung der ersten Bande, an Pt die der zweiten Bande zu erregen. Infolgedessen besteht ein großer Teil des primären Strahlengemisches aus der charakteristischen Sekundärstrahlung des Antikathodenmetalles. Diese besitzt für das Metall ein selektiv hohes Durchdringungsvermögen, und daher erklärt sich der relativ hohe Prozentsatz, den die Schirme aus dem Antikathodenmetall in Kayes Versuchen hindurchlassen.

Auch die Abweichungen in den einzelnen Reihen, die verschiedene Beobachter gefunden haben, wenn sie $\frac{\mu}{\varrho}$ für verschiedene Elemente als Funktion des Atomgewichtes darstellten, wie z. B. Benoist und Holtsmark, lassen sich qualitativ durch die bisherigen Messungen über die selektive Absorption der Röntgenstrahlen erklären. Es ist sogar eine quantitative Prüfung möglich, wenn man derartige Reihen nicht, wie die älteren Beobachter, mit inhomogenen Primärstrahlgemischen aufnimmt, sondern homogene Bündel benutzt, wie man sie als charakteristische Sekundärstrahlung der Elemente erhalten kann. Die Fig. 53 bis 55 geben drei Diagramme Barklas, die $\frac{\mu}{\varrho}$ für die verschiedenen Elemente als Funktion des Atomgewichtes darstellen, wenn man homogene Strahlen verschiedener Impulsbreiten absorbieren läßt. In Fig. 53

Fig. 53.

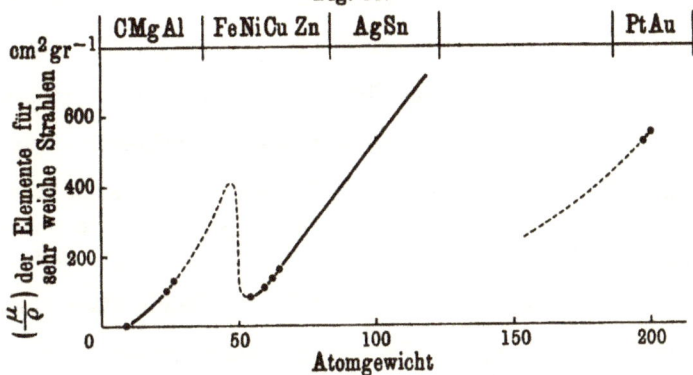

Fig. 54.

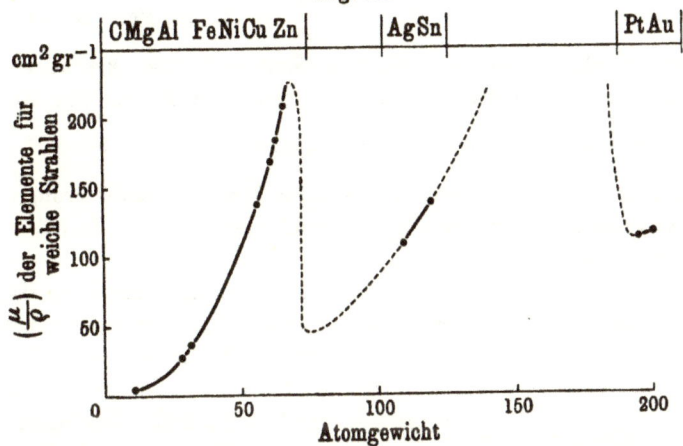

Fig. 55.

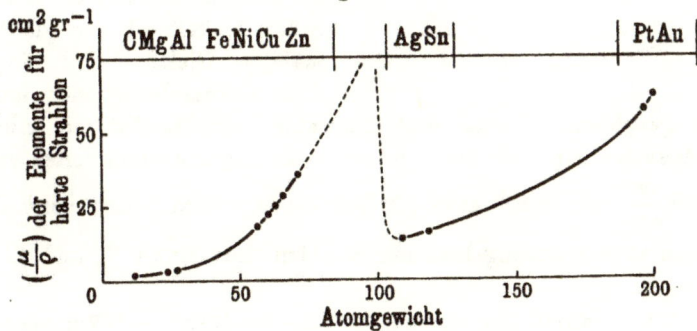

wurden sehr weiche Primärstrahlen benutzt, denen eine Kathoden-strahlgeschwindigkeit von etwa $50.10^8 \frac{cm}{sec}$ entspricht. Fig. 54 gehört zu mittelharten und Fig. 55 zu harten mit $v =$ etwa $100.10^8 \frac{cm}{sec}$. In Fig. 53 ist der Absorptionskoeffizient der Gruppen Mg und Al wie Fe, Ni, Cu, Zn von angenähert der gleichen Größe. In Fig. 54 absorbieren Fe, Ni, Cu und Zn um ein Vielfaches mehr als Mg und Al. Die Fig. 50 zeigt, daß bei $v = 75.10^8 \frac{cm}{sec}$ Fe, Ni, Cu eine selektive Bande starker Absorption besitzen. Ag und Sn hingegen haben an der Erhöhung des Absorptionsvermögens, relativ zu Mg und Al, nicht teilgenommen, denn bei $v = 75.10^8 \frac{cm}{sec}$ ist für sie kein selektives Gebiet erreicht. Aus dem gleichen Grunde bleiben sie auch in der Fig. 55 in der gleichen Lage, während hier Pt und Au stark in die Höhe gerückt sind. Diese beginnen bei $v = 100.10^8 \frac{cm}{sec}$ wenigstens ihre zweite charakteristische Bande zu emittieren, wie man zwar nicht mehr der Fig. 50, wohl aber der Tabelle 31 entnehmen kann.

Die selektive Absorption der Elemente bildet die Grundlage der in der Technik üblichen Härtemesser für Röntgenstrahlen,

Fig. 56.

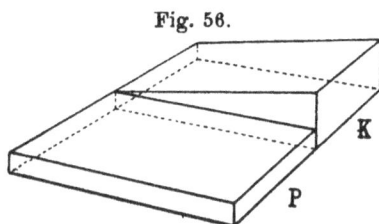

die von Benoist[1]) eingeführt und von Walter und Wehnelt modifiziert sind. Man lege z. B. ein keilförmig geschnittenes Al-Blech K (Fig. 56) neben ein Stück Nickelblech von gleichmäßiger Dicke P auf einen Fluoreszenzschirm oder eine photographische Platte und bestrahle die Metalle mit einer Röntgenstrahlung, die durch Kathodenstrahlgeschwindigkeiten von $6.10^9 \frac{cm}{sec}$ oder durch etwa 10^4 Volt erzeugt wird. Dann wird die Intensität der durchgelassenen Strahlen dort hinter Ni und Al[2])

[1]) L. Benoist, Compt. rend. **134**, 225—227 (1902). — [2]) Vgl. Fig. 50.

die gleiche sein, wo die Strahlen die gleichen Massen haben durchdringen müssen, also wo die Dicke des Al-Keiles im Verhältnis der
Dichten, also über dreimal, größer ist als die des Ni. Dann nehme
man eine höhere Betriebsspannung, etwa 16 000 Volt oder etwa

$$v = 7{,}5 . 10^9 \, \frac{cm}{sec},$$ und nun wird die gleiche Intensität der durch-

gelassenen Strahlen hinter einer schon viel größeren Dicke des
Al-Keiles liegen, da Ni in diesem Bereich einen 7,4 mal größeren

Wert für $\left(\frac{\mu}{\varrho}\right)$ besitzt als Al. Mit weiterer Erhöhung der Betriebs-

spannung steigt der Wert $\left(\frac{\mu}{\varrho}\right)_{Ni} : \left(\frac{\mu}{\varrho}\right)_{Al}$ von 7,5 auf 9,2, und in-

folgedessen ist es möglich, die einer gegebenen Nickelschicht äqui-
valente Dicke Al als ein technisches Maß der Impulsbreite oder der
Härte zu definieren. Man benutzt in praxi entweder einen Al-Keil
(Wehnelt) oder eine etwa sechsstufige Treppe, deren Dicke in
geometrischer Progression fortschreitet (Walter). Als zweites
Metall dient nicht Nickel, sondern Silber. Nickel wäre ungeeignet,
da die Glaswand eines technischen Röntgenrohres erst bei etwa
30 000 Volt merklich Strahlen hindurchläßt, während das selektive
Gebiet des Silbers nach der Gleichung (43) bei etwa 50 000 Volt[1])
zu suchen ist. Mit einer derartigen, nach dem Benoistschen
Prinzip konstruierten Härteskala lassen sich verschiedene Versuche
über die Absorption der Röntgenstrahlen einfach und anschaulich
demonstrieren; z. B. die von Röntgen entdeckte Tatsache, daß
jedes Rohr ein inhomogenes Gemisch emittiert, dessen Härte zunimmt, wenn man Metallbleche in den Strahlengang einschaltet,
durch die die Strahlen geringer Impulsbreite ausgesondert werden.
Nur muß man, wie aus Versuchen von Walter[2]) und Seitz[3])
hervorgeht, zur Absorption der Strahlen ein Metall verwenden,
dessen Absorptionskoeffizient in dem benutzten Spannungsbereich
des Rohres mit abnehmender Elektronengeschwindigkeit nach
Fig. 50 kontinuierlich ansteigt, und nicht etwa Ag, das gerade für
Strahlen mittlerer Impulsbreite, die noch eben größer ist als die der
charakteristischen Strahlung des Ag, eine selektiv hohe Durch-

---

[1]) Beide Zahlen unter der Annahme einer Al-Antikathode. —
[2]) B. Walter, Ann. d. Phys. **17**, 561 (1905). — [3]) W. Seitz, ebenda
27, 301 (1908).

lässigkeit besitzt, wie man sie z. B. am Zn in der Fig. 50 bei
$v = 60 - 70 . 10^8 \frac{cm}{sec}$ beobachtet. Dann ist es möglich, daß aus
dem primären Strahlengemisch relativ mehr Strahlen kleiner als
großer Impulsbreite ausgesondert werden, und daher die vom Ag
durchgelassene Strahlung in ihrer prozentischen Zusammensetzung
einen höheren Bruchteil wenig durchdringender Strahlung enthält,
als das primäre Strahlengemisch, so daß also die Benoistsche
Härteskala ein Weicherwerden des Gemisches nach dem Durchgang durch Ag angibt. Es sei jedoch bemerkt, daß das Ab-
sorptionsminimum für den Fall des Ag noch nicht experimentell
gemessen, sondern nur aus dem Werte für den Absorptionskoeffizienten seiner Fluoreszenzstrahlung in Analogie zu Fe, Ni, Zn
Tabelle 31 und Fig. 51) erschlossen ist.

Hingegen haben Sadler und Steven[1]) gezeigt, daß man
durch Filtration mit Fe tatsächlich aus einem inhomogenen Primärgemisch die durchdringenden Strahlen selektiv absorbieren kann,
so daß das durchgelassene Bündel im Mittel eine geringere Durchdringungsfähigkeit besitzt, als das ursprüngliche Primärgemisch.
Dieses wurde in einem Rohr mit Al-Antikathode hergestellt. Das
Rohr bekam ein Al-Fenster, da der selektive Anstieg der Absorption im Eisen bei einer Spannung von etwa 10^4 Volt liegt, und
wurde mit verschieden hohen Spannungen betrieben. Absorbierten
$30\,\mu$ Al 48,4 Proz. vom Primärgemisch, so absorbierten sie nach
der Einschaltung einer $12\,\mu$ dicken Fe-Platte 55,7 Proz. In einer
anderen Reihe betrug die Absorption ohne Fe 21,4 Proz., nach
Einschaltung des Eisens aber 39,6 Proz.; die Absorption des
durchgelassenen Gemisches war fast aufs Doppelte gestiegen. Das
durch Eisen durchgelassene Bündel war also weicher geworden,
d. h. das Fe hatte selektiv die durchdringenderen Komponenten
ausgesondert.

Diese Beobachtungen von Sadler und Steven an Fe be-
stätigten daher die Resultate, die Walter und Seitz mit Ag-
Filtern erhalten haben.

Zum Schluß sei noch kurz auf einen experimentellen Punkt
hingewiesen, der bei vielen Untersuchungen mit Röntgenstrahlen
nicht hinreichend beachtet ist. Die Absorption der Glaswand der

[1]) C. A. Sadler und A. J. Steven, Phil. Mag. **21**, 559 (1911).

technischen Röntgenrohre ist sehr erheblich[1]), selbst von der
Strahlung, die überhaupt die Glaswand zu durchdringen vermag,
gehen in den meisten, selbst harten Röhren 50 und mehr Proz.
der Strahlung verloren, und überdies werden durch ungleichmäßige
Dicke der Glaswand häufig Dissymmetrien in der Intensität und
in der Härte in verschiedenen Emissionswinkeln vorgetäuscht.
Man kann die Absorptionsverluste in der Glaswand sehr erheblich
reduzieren, wenn man ein Glas benutzt, das nach den Angaben
von F. A. und Ch. L. Lindemann[2]) nur Komponenten mit ge-
ringem Atomgewicht als Metall, vor allem Li ($A = 7$) enthält,
und Röntgenrohre mit eingeschmolzenen Fenstern aus diesem
— leider etwas hygroskopischem — Glase dürften auch für verschiedene physikalische Untersuchungen gute Dienste leisten.

Siebentes Kapitel.

Sagnac hat gefunden, daß die Röntgenstrahlen neben den
Sekundärstrahlen, die wir heute als „durch Streuung entstandene"
und „charakteristische" bezeichnen, eine weitere Strahlung erzeugen, die sich durch eine außerordentlich starke Absorption
von den primären Strahlen unterscheidet und in Luft nur einen
Weg von einigen Millimetern zurückzulegen vermag. Die sehr
umfangreichen Untersuchungen[3]) über diese absorbierbare Sekundärstrahlung wurden mit einem Schlage aufgeklärt, als
E. Dorn[4]) im Jahre 1900 experimentell bewies, daß die Absorption der Röntgenstrahlen ebenso wie die Absorption kurz-
welligen Lichtes mit einer Emission von Kathodenstrahlen oder
Elektronen verbunden ist. Die Analogie zwischen Röntgenstrahlen
und Licht tritt wohl auf keinem Gebiete in gleicher Weise zutage, wie in den Gesetzmäßigkeiten, die man bisher über diese
Elektronenemission aufgefunden hat.

[1]) Röntgen, III. Mitteilung; B. Walter, Fortschr. a. d. Geb.
d. Röntgenstrahlen 11, 340 (1907); E. Baßler, Ann. d. Phys. 28,
808 (1909). — [2]) F. A. und Ch. L. Lindemann, Zeitschr. f. Röntgen-
kunde, Heft 4 (1911). — [3]) Ein historisches Referat bei G. Sagnac,
Physik. Zeitschr. 7, 41—56 (1904). — [4]) E. Dorn, Arb. d. Naturf. Ges.
Halle, 20. Januar 1900.

Die Versuchsanordnung D o r n s ist in der Fig. 57 schematisch
skizziert. Im Inneren eines Vakuumgefäßes V befindet sich eine
Metallplatte P. Auf diese fallen die Röntgenstrahlen R. An der
Auftreffstelle entstehen Kathodenstrahlen, und aus diesen wird
durch Blenden $B_1 B_2$ ein schmales Bündel ausgeblendet, das bei
A eine photographische Platte schwärzt. An Stelle der Platte
wird zum Nachweis der Strahlen häufig ein Faradaykäfig benutzt.
Das Strahlenbündel zeigt alle
Eigenschaften der Kathodenstrahlen, es ist elektrisch und
magnetisch ablenkbar, und
man kann an ihm das Verhältnis von Ladung (e) zur Masse (m)
bestimmen. B e s t e l m e y e r [1]
hat in einer Präzisionsmes-
sung für $\left(\dfrac{e}{m_0}\right)$ 1,72 . 10⁷ er-

Fig. 57.

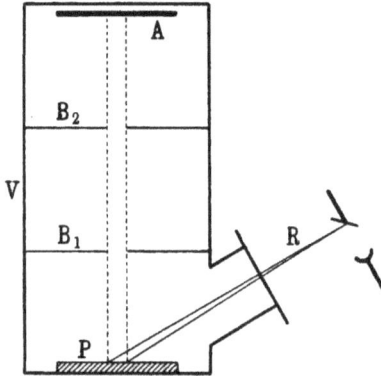

halten, d. h. etwas niedriger
als der Wert 1,76 . 10⁷, der
heute als der wahrschein-
lichste gilt [2]).

Die Elektronen verlassen die Oberfläche des Körpers, in dem
sie erzeugt werden, mit großen Geschwindigkeiten. Diese sind
auf drei verschiedene Methoden gemessen:

1. Aus dem Krümmungsradius r im magnetischen Felde H:

$$v = Hr \cdot \frac{e}{m} \quad \cdots \cdots \cdots (47)$$

2. Aus der elektrischen Spannungsdifferenz V zwischen dem
emittierenden Metall und einer zweiten Elektrode, z. B. einem
Faradaykäfig, bei der die Elektronen diese zweite Elektrode gerade nicht mehr erreichen können, weil sie auf parabolischen
Bahnen zum emittierenden Körper zurückgebogen werden. Bezeichnet c die Lichtgeschwindigkeit, so gilt nach der Relativtheorie:

$$e V = m_0 c^2 \{(1 - \beta^2)^{-1/2} - 1\}; \quad \beta = \frac{v}{c} \quad \cdots \cdot (48)$$

[1]) A. B e s t e l m e y e r, Ann. d. Phys. **22**, 429 (1907). — [2]) Vgl.
A. A l b e r t i, Dissertation Berlin; Ann. d. Phys. 1912.

oder für den Fall, daß β klein gegen 1 ist:

$$v = \sqrt{\frac{2e}{m_0} V},$$

d. h.:

$$v = 5{,}7 \sqrt{V} \cdot 10^7 \frac{\text{cm}}{\text{sec}} \quad \cdots \cdots \quad (48\,\text{a})$$

wenn V in Volt gemessen wird.

3. Endlich kann man die Geschwindigkeit der Elektronen aus der Größe ihres Absorptionskoeffizienten pro Masseneinheit $\left(\dfrac{\mu}{\varrho}\right)$ nach einer der empirisch aufgestellten Gleichungen berechnen, z. B. der von Becker[1] angegebenen:

$$\frac{\mu}{\varrho} = a \left(\frac{1}{\beta}\right)^{6 \sqrt{3\beta}} \quad \cdots \cdots \cdots \quad (49)$$

die gilt, solange $\dfrac{v}{c} \gtrless \dfrac{1}{3}$ ist und in der der Wert der Konstante a etwa 3 beträgt.

Die Geschwindigkeit der Elektronen ist unabhängig von der Intensität der erzeugenden Röntgenstrahlen. Dies auffallende Resultat ist von sämtlichen Beobachtern übereinstimmend festgestellt, und genau das gleiche ist seit langem für die Auslösung der Elektronen durch Licht bekannt[2]. Dient als Strahlenquelle ein gewöhnliches technisches Röntgenrohr, so erhalten wir auch ein Gemisch von Elektronen verschiedener Geschwindigkeit. Dorn, Bestelmeyer und Innes[3]

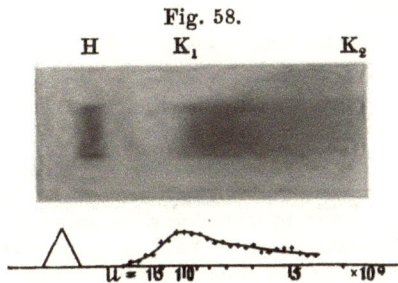

Fig. 58.

haben „magnetische Spektra" dieser Geschwindigkeitsverteilung aufgenommen. Sie brachten den Apparat der Fig. 57 in ein Magnetfeld, dessen Kraftlinien senkrecht zur Richtung der Kathodenstrahlen und parallel zur Längsrichtung der rechteckigen Spaltblenden $B_1 B_2$ verliefen, und erhielten auf der photographischen

---

[1] A. Becker, Heidelb. Akad. 1910, Nr. 19. — [2] Vgl. jedoch R. A. Millikan, Verh. d. D. Phys. Ges. **14**, 712 (1912). — [3] P. D. Innes, Proc. Roy. Soc. **79**, 442 (1907).

Platte A Bilder, wie eins in der Fig. 58 als Positiv reproduziert ist. Es stammt aus Bestelmeyers Arbeit. Das Bild H entspricht als Halbschatten dem Strahlengang der magnetisch unablenkbaren Sekundärstrahlen, die, seien sie durch Streuung entstandene oder charakteristische, von der Platinplatte P emittiert werden. $K_1 K_2$ stellt das magnetische Spektrum der Kathodenstrahlen dar.

Die am wenigsten abgelenkten Elektronen bei K_1 besitzen nach Gleichung (47) eine Geschwindigkeit von $15 \cdot 10^9 \frac{cm}{sec}$, die langsamsten bei K_2 eine solche von etwa $5 \cdot 10^9 \frac{cm}{sec}$, und die Verteilung der Zahl der Elektronen auf die dazwischen liegenden Geschwindigkeiten ist aus der beigefügten Kurve zu entnehmen, die die photometrisch bestimmte Intensitätsverteilung zwischen K_1 und K_2 wiedergibt. Dorn, Innes, v. Lieben[1]) haben ähnliche Grenzen für die Geschwindigkeit erhalten, nämlich 4,9 bis $7,8 \cdot 10^9 \frac{cm}{sec}$, 6 bis $8 \cdot 10^9 \frac{cm}{sec}$[2]) und 3 bis $10 \cdot 10^9 \frac{cm}{sec}$, und stets war ein ausgesprochener unterer Grenzwert vorhanden. Laub[3]) dagegen hat noch erheblich langsamere Geschwindigkeiten bis herab zu 0 beobachtet, die sich vielleicht dem photographischen Nachweis wegen zu geringer Energie entziehen. Laub bediente sich der Methode der gegengeschalteten elektrischen Felder, mit der man v nach Gleichung (48) berechnen kann. Die emittierende

---

[1]) R. v. Lieben, Physik. Zeitschr. 4, 469 (1903). — [2]) Die Größe dieser Geschwindigkeit ermöglicht es, die Elektronenemission nach Thomson in einfacher Weise zu demonstrieren. Ein gewöhnliches Goldplattelektroskop im Vakuum zeigt eine starke positive Selbstaufladung, sobald es von Röntgenstrahlen getroffen wird [Proc. Cambr. Soc. 12, 312 (1903)]. Auch in freier Luft kann man leicht eine Selbstaufladung des Metalles beobachten, deren Betrag sich im einzelnen Falle durch die gleichzeitige Ionisation der Luft erklären läßt; z. B. A. Righi, N. Cim. 6, 31 (1903); K. Hahn, Ann. d. Phys. 18, 141 (1905); C. Bedreag und Hurmucescu, Ann. sc. d. l'Univ. d. Jassy 7, 53 (1911). Die Größe der Elektronengeschwindigkeit erklärt auch, warum bei den Röntgenstrahlen keine merkliche Abhängigkeit von Oberflächeneinflüssen, analog den Erscheinungen der lichtelektrischen Ermüdung gefunden ist [vgl. L. T. More, Phil. Mag. 13, 708—721 (1907) und L. T. More und R. E. Gowdy, Phys. Rev. 28, 148 (1909)]. — [3]) J. Laub, Ann. d. Phys. 26, 712 (1908).

Metallplatte befand sich zusammen mit einem Faradaykäfig im Inneren einer hoch evakuierten Glaskugel von 5 cm Radius. Das Röntgenrohr wurde mit 35 000 Volt von einem Induktor betrieben. Die verzögernden Spannungen lieferte eine Influenzmaschine.

Die Fig. 59 gibt die Resultate zweier Versuche an Pt und Al. Als Abszisse ist statt der Geschwindigkeit in $\frac{cm}{sec}$, wie üblich und bequem, die entsprechende Spannung in Volt eingetragen, die die Elektronen auf die gleiche Geschwindigkeit beschleunigt, und man sieht, daß Laub Geschwindigkeiten bis herab zu den kleinsten Werten beobachtet hat.

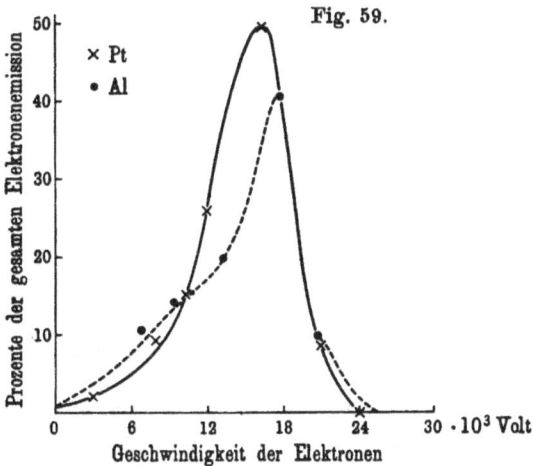

Fig. 59.

Da ein technisches Röntgenrohr ein Gemisch von Strahlen verschiedener Impulsbreiten emittiert, so liegt die Frage nahe, ob der Mangel der Einheitlichkeit der Elektronengeschwindigkeit durch die Verschiedenheit der Impulsbreiten oder durch den Mechanismus des Emissionsvorganges selbst verursacht ist. Man weiß leider noch nicht, wie die analogen Verhältnisse beim licht-elektrischen Effekte liegen, es ist noch unbekannt, ob einer streng monochromatischen Strahlung eine einheitliche Geschwindigkeit oder auch ein gewisser Geschwindigkeitsbereich entspricht. Trägt man die Zahl der Elektronen, die unter der Einwirkung kurz-welligen Lichtes ein Metall verlassen, als Funktion einer verzögern-den gegengeschalteten Spannung auf, so erhält man im allgemeinen, wenn man nach v. Baeyer[1]) Reflexions- und Sekundärstrahlung der Elektronen ausschaltet, eine Kurve von der Form der Fig. 60, d. h. ein Gemisch von Elektronen, deren Geschwindigkeitsgrenzen zwischen a und b Volt liegen. a und b sind von der Größenordnung 1 bis 10, für $a - b$ sind etwa 2 Volt gefunden, wenn man einen Bereich des erregenden Lichtes von 200 bis 260 $\mu\mu$ anwendet. Auch für etwa 25 $\mu\mu$ hat Ladenburg[2]) $a - b$ $= 2$ Volt erhalten, aber selbst bei dem monochromatischen Licht einer Hg-Linie ist es noch nicht gelungen, für $a - b$ kleinere Werte als etwa 1 Volt zu beobachten[3]). Es ist noch unaufgeklärt, ob die Inhomogenität der Geschwindigkeit im homogenen Lichte primär vorhanden ist oder mit der endlichen Eindringungstiefe

Fig. 60.

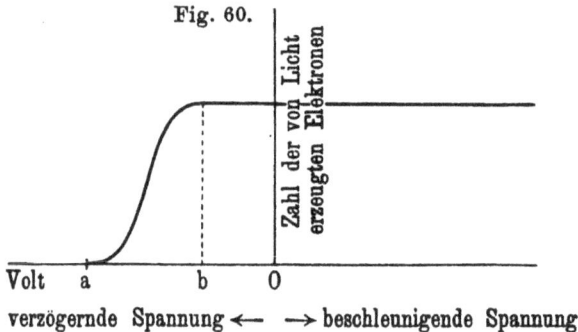

verzögernde Spannung ←— —→ beschleunigende Spannung

des Lichtes und einer damit verbundenen Absorption der Elektronen im Metall im Zusammenhang steht. Auch ist es noch nicht sicher ausgeschlossen, daß die Inhomogenität nur durch die Versuchsanordnung vorgetäuscht wird, weil nicht alle Elektronen das Metall in Richtung der verzögernden Kraftlinien verlassen.

Im Falle der Röntgenstrahlen spricht viel dafür, daß die Inhomogenität der austretenden Elektronen, die man bei Verwendung eines technischen Rohres beobachtet, nicht durch die Inhomogenität des primären Röntgenstrahlbündels verursacht worden ist. Laub konnte keine Änderung in den Kurven der Geschwindigkeitsverteilung (Fig. 59) beobachten, wenn er die Strahlen eines mit

[1]) O. v. Baeyer, Verhandl. d. D. Phys. Ges. 10, 953 (1910); Derselbe und A. Gehrts, ebenda 12, 870 (1910). — [2]) E. Ladenburg, ebenda 10, 562 (1908). — [3]) R. Pohl und P. Pringsheim, noch nicht publiziert; vgl. auch S. 107, Anm. 2.

65 000 Volt betriebenen Rohres durch einen Bleischirm von den weniger durchdringenden Strahlen befreite. Auch Seitz[1]), der zur Erzeugung möglichst homogener Röntgenstrahlen Gleichstrom benutzte, fand durchaus keine Homogenität der Elektronengeschwindigkeit. Seitz bediente sich wie Laub der Methode der verzögernden Felder, und vermied durch ein besonderes Hilfsfeld von 80 Volt eine Reflexion aus dem Inneren des Faradaykäfigs.

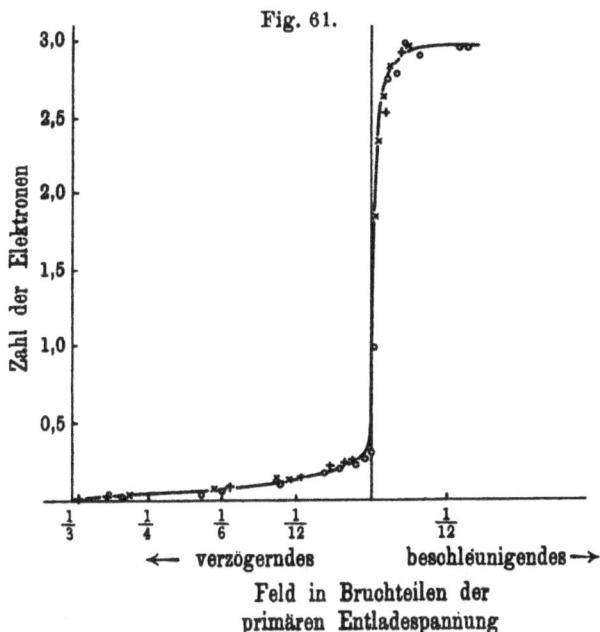

Fig. 61.

← verzögerndes   beschleunigendes →

Feld in Bruchteilen der
primären Entladespannung

Die außerordentlich weichen Röntgenstrahlen treten in die Beobachtungskammer durch ein $10\,\mu$ dickes Al-Fenster ein, das mit einer dünnen Haut Schellack überzogen war, damit es seinerseits keine störenden Elektronen emittiert. Die erhaltenen Kurven, Fig. 61 und 64, gleichen durchaus denen, die man beim lichtelektrischen Effekt beobachtet, nur daß im Gegensatz zur Fig. 60 die gesamte Zahl der Elektronen den Auffängerkäfig nicht ohne Anwendung beschleunigender Spannungen erreichen kann, eine Erscheinung, die auch im Falle des Lichtes häufig beobachtet wird.

---

[1]) W. Seitz, Physik. Zeitschr. 19, 705 (1910).

Sie kommt bei einer Parallelverschiebung der ganzen Kurve relativ
zur Abszisse zum Ausdruck und ist veranlaßt durch elektrisch geladene, polarisationsähnliche Oberflächenschichten [1]), die sich auf
den Metallteilen des Apparates ausbilden, und die Felder erzeugen,
die die Elektronen verzögern. Die Abszisse gibt die verzögernden
und beschleunigenden Spannungen in Bruchteilen der Spannung
des Röntgenrohres, die bei den drei verschiedenen Versuchen 6000,
4500 und 2500 Volt betrug. Von einer Homogenität der das
Metall verlassenden Kathodenstrahlen kann also auch bei Seitz'
Versuchen keine Rede sein, sie ist aber auch wohl nicht zu erwarten, da die aus größerer Tiefe kommenden Elektronen durch
Absorption an Geschwindigkeit verlieren [2]) und selbst eine intensive sekundäre Elektronenstrahlung erzeugen.

Fig. 62.

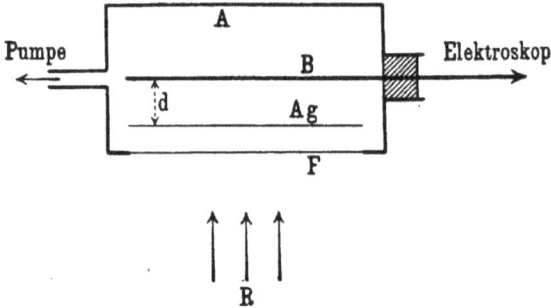

Die Geschwindigkeit der Elektronen hängt von der Impulsbreite der Röntgenstrahlen ab. Im Falle der durch kurzwelliges
Licht erzeugten Elektronen scheint die Geschwindigkeit im normalen Photoeffekt mit der Wurzel aus der Frequenz des Lichtes
anzusteigen [3]), doch erstrecken sich die Versuche bisher nur über
ein Intervall von noch nicht 100 $\mu\mu$. Hier fehlt wieder sehr das
absolute Maß der Impulsbreite und man muß sich wieder mit den
üblichen vorläufigen Maßen begnügen, der Absorbierbarkeit der
Strahlen in Aluminium oder der Geschwindigkeit der primären
Elektronen, die gegen eine Antikathode aus bestimmtem Metall
anprallen.

---

[1]) O. v. Baeyer und A. Tool, Verhandl. d. D. Phys. Ges. **13**,
569 (1911). — [2]) G. E. Leithäuser, Ann. d. Phys. **15**, 283 (1904). —
[3]) E. Ladenburg, Verhandl. d. D. Phys. Ges. **5**, 504 (1907).

Beatty [1]) hat an Silber Elektronen durch streng homogene
Röntgenstrahlen erzeugt, indem er die charakteristische Sekundärstrahlung der Elemente Fe, Cu, Zn, As und Sn benutzte, und
hat die Absorptionskoeffizienten der entstehenden Elektronen in
Luft gemessen. Aus dem Absorptionskoeffizienten μ kann man v
eventuell nach einer empirischen Interpolationsformel nach Art der
Gleichung (49) berechnen. Die Versuchsanordnung (Fig. 62) bestand aus einer Metallkapsel A, in die isoliert die Elektrode B hinein-
ragt. Die Kapsel trägt an
der Unterseite ein Fenster F
aus Pergamentpapier und
über diesem befindet sich
die Silberfolie, die unter
der Wirkung der Röntgen-
strahlen R die Elektronen
emittiert. Beatty mißt die
Ionisation in der Kammer
bei verschiedenem Gas-

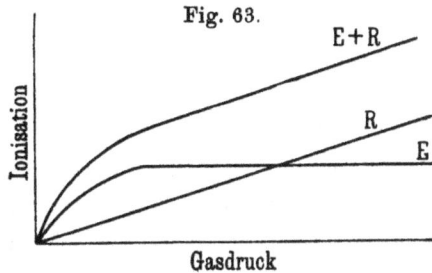

Fig. 63.

druck und erhält die Kurve $E + R$. Diese Kurve besteht aus
zwei Komponenten, einer Ionisation durch die Röntgenstrahlen R,
die dem Druck linear proportional ist und einer Sättigungs-
kurve E, die der Ionisation durch die Elektronen entspricht,
und die ihren horizontalen Ast bei dem Gasdruck erreicht, bei
dem alle Elektronen auf dem Wege zwischen Ag und B stecken
bleiben. Beide Kurven sind ohne weiteres graphisch zu trennen,
da R durch den Nullpunkt geht und dem linearen Stück der
experimentellen Kurve parallel läuft. Bei der Gasdichte ϱ, bei
der die Kurve E die halbe Höhe der maximalen Ordinate erreicht, ist

$$e^{-\mu' d} = \frac{1}{2}$$

oder

$$\mu' = 0{,}7 \cdot \frac{1}{d} \quad \cdots \cdots \cdots \quad (50)$$

wenn d die Dicke Ag $- B$ der Ionisationskammer bedeutet.
Beattys Resultate sind in der Tabelle 40 zusammengestellt. Die
zweite vertikale Reihe ist der Tabelle 28 entnommen.

[1]) R. T. Beatty, Proc. Cambr. Soc. 15, 416—422 (1911).

Tabelle 40.

Impulsbreite der Röntgenstrahlen, definiert durch		Absorptionskoeffizient pro Masseneinheit der sekundären Elektronen $\left(\dfrac{\mu'}{\varrho}\right)$ cm². g⁻¹	$\dfrac{\left(\dfrac{\mu}{\varrho}\right)_{Al}}{\dfrac{\mu'}{\varrho}}$
$\left(\dfrac{\mu}{\varrho}\right)_{Al}$ cm². g⁻¹	die Geschwindigkeit der primären Elektronen[1]) cm/sec		
88,5	5,83 . 10⁹	6,8 . 10⁴	1,3 . 10³
47,7	6,26	4,04	1,18
39,4	6,32	3,3	1,19
22,5	etwa 8	2,13	1,06
1,57	„ 12	0,31	0,51

Die Zahlen zeigen, daß die Geschwindigkeit der von Röntgenstrahlen erzeugten Elektronen mit abnehmender Impulsbreite kontinuierlich wächst [2]), doch gestatten die Absorptionskoeffizienten nur einen Schluß auf die Mittelwerte der Elektronengeschwindigkeit, da wir oben sahen, daß die aus dem Metall austretenden Kathodenstrahlen sehr inhomogen sind. Es ist daher wichtig, auch die Maximalgeschwindigkeit der Strahlen in ihrer Abhängigkeit von der Härte oder Impulsbreite der erregenden Strahlen zu untersuchen. Dies haben unter anderen L a u b und S e i t z getan. L a u b findet, daß auch die Maximalgeschwindigkeit v_{max} mit wachsender

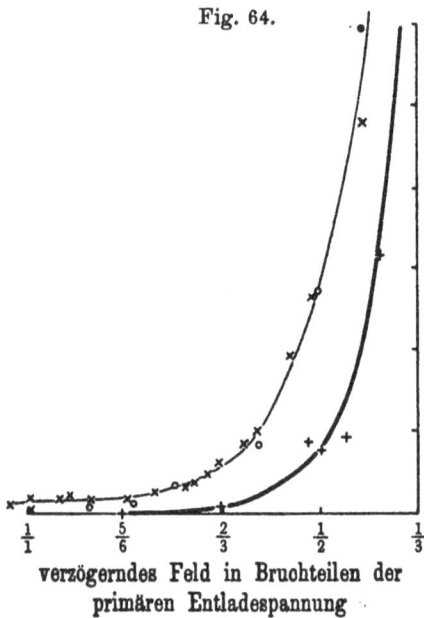

Fig. 64.

verzögerndes Feld in Bruchteilen der primären Entladespannung

---

[1]) Antikathode aus Aluminium angenommen, vgl. S. 74. — [2]) Vgl. auch C. D. C o o k s e y, Sill. Journ. **24**, 285 (1904).

Betriebsspannung V des Röntgenrohres ansteigt. Er benutzte Platin als Material der Antikathode und des Elektronen emittierenden Bleches und findet für

V	35 000 Volt	v_{max}	24 000 Volt
V	65 000 „	v_{max}	27 000 „

Die maximalen Elektronengeschwindigkeiten sind wesentlich niedriger als die der Kathodenstrahlen, durch die die Röntgenstrahlen an der Platinantikathode erzeugt werden.

Seitz hingegen beobachtete bei erheblich geringeren Spannungen, daß stets ein wenn auch kleiner Teil der von den Strahlen ausgelösten Elektronen die gleiche Geschwindigkeit wie die primären Kathodenstrahlen besitzt, und zum Beweis hat Seitz in der Fig. 64 das fehlende Stück der Kurve 61, das den höheren verzögernden Spannungen entspricht, in stark vergrößertem Maße eingetragen.

Die Differenz zwischen den Versuchen von Laub und Seitz ist noch nicht aufgeklärt, aber das Anwachsen der maximalen Geschwindigkeit der Elektronen mit wachsender Härte der Röntgenstrahlen ist von verschiedenen Seiten nachgeprüft und sichergestellt.

Die Abhängigkeit der Elektronengeschwindigkeit von dem Material, aus dem die Elektronen ausgelöst werden, ist mehrfach untersucht. Innes, der v durch den Krümmungsradius im Magnetfeld bestimmt hat, gibt die Zahlen der Tabelle 41 und schließt aus ihnen, daß die Maximalgeschwindigkeit der austretenden Elektronen mit dem Atomgewicht wächst.

Tabelle 41.

Metall	Weiche Strahlen		Harte Strahlen		Atom-gewicht
	Parallel-funkenstrecke cm	v_{max} cm	Parallel-funkenstrecke cm	v_{max} cm/sec	
Zn	3,9	$6,4 \cdot 10^9$	—	—	65,4
Ag	3,9	7,2	19	$8,0 \cdot 10^9$	108
Pt	3,2	7,4	14	8,0	195
Au	3,4	7,5	15	8,1	197
Pb	5,1	7,8	16	8,3	207

Laub hingegen findet das entgegengesetzte Resultat. Aluminium und Ruß geben bei weichen wie bei harten Röntgenstrahlen eine Maximalgeschwindigkeit, die um etwa 8 Proz. größer ist als die an Platin beobachtete, wie auch aus der Fig. 59 zu sehen ist. Der Grund dieser Abweichungen ist noch nicht aufgeklärt, und man kann einstweilen nur sagen, daß keine erhebliche Abhängigkeit der Elektronengeschwindigkeit von dem Atomgewicht erwiesen ist, wenn man zur Erzeugung der Elektronen Strahlen großer Durchdringungsfähigkeit benutzt. Wie die analogen Verhältnisse der lichtelektrischen Elektronenemission liegen, ist unbekannt, da es noch nicht gelungen ist, sichere absolute Werte für die Anfangsgeschwindigkeiten zu erhalten[1].

Die Zahl der Elektronen ist nach Holtsmark[2] der Intensität der Röntgenstrahlen proportional, wenn man diese z. B. durch eine Änderung des Rohrabstandes r variiert. Holtsmark gibt folgende Zahlen:

Zahl der Elektronen . . . 1 : 1,88 : 4,36 : 6,72

$\dfrac{1}{r^2}$ . . . . 1 : 1,96 : 4,84 : 6,77

Auch ist die Zahl der Elektronen proportional der bolometrisch gemessenen Energie der Röntgenstrahlen, wie folgende Tabelle[3] Angerers zeigt, und daher ist die Intensität des Elektronenstromes häufig zur relativen Messung der Röntgenenergie benutzt.

Tabelle 42.

$W = \dfrac{\text{mg-cal}}{\text{sec}}$ auf dem Bolometer	$Z =$ Zahl der Elektronen in willkürlichen Einheiten	$\dfrac{W}{Z}$
0,0251	90	2,80
0,0708	208	3,40
0,0970	303	3,20
0,1253	375	3,35
0,1755	490	3,58
0,2085	590	3,54

---

[1] O. v. Baeyer und A. Tool, Verhandl. d. D. Phys. Ges. **13**, 569 (1911); R. A. Millikan, ebenda **14**, 712 (1912). — [2] G. Holtsmark, Ann. d. Phys. **10**, 522 (1903). — [3] E. Angerer, ebenda **21**, 87 (1906).

Der Aggregatzustand ist auf die Zahl der erzeugten Elektronen ohne Einfluß. Dies hat Beatty[1]) durch Vergleich von dampfförmigem Se H$_3$ und festem Se nachgewiesen. Er findet in einem flachen Kondensator, dessen Wände aus Se bestehen und der mit Se H$_3$-Dampf gefüllt ist, bei einer Bestrahlung durch die Kondensatorflächen eine streng lineare Abhängigkeit der gesamten Ionisation vom Druck, wobei die Gerade durch den Nullpunkt hindurchgeht, d. h. daß bei tiefen Drucken die Wände gerade so viel Elektronen in das Gas hineinsenden, wie das Gas zu wenig von seinen eigenen Elektronen absorbiert. Denn die Zahl der Elektronen, die im Dampf und im festen Selen proportional der absorbierten Röntgenenergie erzeugt wird, verhält sich umgekehrt wie die Dichten, die Zahl hingegen, die austritt

$$const \int_0^\infty e^{-x\mu}\,dx = \frac{const}{\mu},$$

umgekehrt den Absorptionskoeffizienten μ oder nach Lenard direkt wie die Dichten.

Sehr interessant, aber wenig geklärt ist die Frage, in welcher Weise die Zahl der erzeugten Elektronen von der Impulsbreite der auffallenden Röntgenstrahlen und vom Material abhängt. Für die durch Licht erzeugten Elektronen hat man hier zwei getrennte Effekte zu unterscheiden. Im allgemeinen steigt die Zahl der von der Einheit der absorbierten Lichtenergie erzeugten Elektronen kontinuierlich mit zunehmender Frequenz und die erzeugte Menge ist bei gleicher Absorption des erregenden Lichtes unabhängig von der Orientierung des elektrischen Vektors[2]). Neben diesem normalen Photoeffekt, auf den sich, beiläufig bemerkt, auch alle bisherigen Messungen über die Geschwindigkeit der Elektronen beziehen, gibt es noch ein ganz selektives Resonanzphänomen, bei dem die Elektronen nur in einem beschränkten Wellenlängenintervall emittiert werden, und zwar nur dann, wenn der elektrische Vektor eine senkrecht zur Metalloberfläche gerichtete Komponente besitzt. Die Eigenfrequenz dieses selektiven Photoeffektes[3]) hängt mit der Größe des Atomvolumens sowie der chemischen Bindung der Atome zusammen, und das Resonanzgebiet umfaßt ein Wellen-

[1]) R. T. Beatty, Proc. Roy. Soc. **85**, 230 (1911). — [2]) R. Pohl, Verhandl. d. D. Phys. Ges. **11**, 339, 609, 715 (1909). — [3]) Derselbe und P. Pringsheim, ebenda **12**, 682 (1910).

längenintervall von etwa 200 $\mu\mu$, in dem sich der selektive Photoeffekt dem normalen überlagert.

Sehen wir jetzt, was über die Zahl der von Röntgenstrahlen
erzeugten Elektronen gefunden wurde, falls man Strahlen verschiedener Impulsbreite auf verschiedene Metalle auffallen läßt.
Bezeichnen wir mit ε die Energie der Elektronen, die von der
Einheit der auffallenden Röntgenstrahlenergie E_R auf dem Wege 1
erzeugt wird, so ist die Energie der auf dem Wege dx erzeugten
Elektronen

$$E_e = dE_R = \varepsilon E_R . dx,$$

oder die Schwächung der Primärenergie würde allein durch Energieabgabe an Elektronen nach der Gleichung

$$E_R = E_{R_0} e^{-\varepsilon x} \quad \ldots \ldots \ldots \quad (51)$$

erfolgen, d. h. die Energie E_{R_0} ist auf E_R heruntergegangen,
wenn die Röntgenstrahlen den Weg x durchlaufen haben. ε heiße
der Emissionskoeffizient für Elektronen.

Wir beobachten jedoch nicht E_e, sondern die Energie E_a der
austretenden Elektronen, erhalten aber E_e leicht durch die Gleichung

$$E_a = \frac{\omega S}{4\pi} \cdot \varepsilon E_R \int_0^\infty e^{-(\mu_R + \mu_e)x} dx = \frac{\omega S}{4\pi} \varepsilon E_R \frac{1}{\mu_R + \mu_e} \cdot (52)$$

wenn μ_R bzw. μ_e den Absorptionskoeffizienten der Röntgenstrahlen
bzw der Elektronen bezeichnet, S die Größe der bestrahlten Fläche
und ω den Öffnungswinkel des beobachteten Elektronenstrahlen-
kegels.

Werden die Elektronen an Metallen durch Strahlen solcher
Impulsbreite erzeugt, die in diesen Metallen lediglich Sekundärstrahlen durch Streuung hervorrufen, so zeigen verschiedene
Elemente kein übereinstimmendes Verhalten. Dies erläutert die
Tabelle 43, die aus Messungen von Sadler und Beatty zusammengestellt ist. Als Erreger dienten die homogenen Strahlenbündel, wie man sie als charakteristische Strahlen passend aus-
gewählter Elemente in jeder gewünschten Impulsbreite, definiert
durch $\left(\dfrac{\mu}{\varrho}\right)_{Al}$ erhalten kann. Leider ist die Energie der Kathodenstrahlen von beiden Autoren nicht im Vakuum gemessen, sondern
aus der Ionisation von Luft berechnet und daher ist auch ε nicht
in absolutem Maße, sondern in relativen Einheiten angegeben.

Tabelle 43.

$\left(\dfrac{\mu}{\varrho}\right)_{Al}$ der erregenden Strahlen cm². g⁻¹	Emissionskoeffizient für Elektronen		
	Al[1])	Fe[1])	Ag[2])
88,5	13,1	21,6	30,2
71,6	13,0	53,9	—
39,4	12,6	—	24,5
22,5	12,1	—	30,8
9,4	11,2	—	—
3,1	6,4	—	—
1,57	3,5	—	25,7

Bei Al sinkt die Zahl der Elektronen mit wachsender Härte, bei Fe steigt sie, desgleichen nach Vegard auch bei Au[3]), bei Ag bleibt sie merklich konstant, und die wenigen Messungen genügen nicht, um irgend eine Gesetzmäßigkeit erkennen zu lassen.

Ganz anders aber liegen die Dinge, wenn Röntgenstrahlen in dem Metall, auf das sie auffallen, eine charakteristische Strahlung zu erzeugen vermögen und demgemäß in ihm selektiv absorbiert werden. Dann ist auch die Elektronenemission ausgesprochen selektiv, und es ergibt sich ein enger Zusammenhang mit der Intensität der gleichzeitig erzeugten charakteristischen Sekundärstrahlung des Elementes. Diese Tatsache hat Sadler entdeckt, und zwar an Hand von Messungen, die in der Tabelle 44 wiedergegeben sind.

Die relativen Zahlen der beiden letzten Vertikalreihen der Tabelle 44 geben an, welcher Bruchteil des gesamten Absorptionskoeffizienten μ auf den Emissionskoeffizienten der Elektronen ε bzw. der charakteristischen Sekundärstrahlung $\varkappa$ entfällt. Man sieht, wie in einem gewissen Bereich der Impulsbreiten der auf die Emission von Elektronen entfallende Betrag ein Maximum erreicht, und daraus folgt, daß auch im Gebiet der

---

[1]) C. A. Sadler, Phil. Mag. **22**, 447 (1911). — [2]) R. T. Beatty, Proc. Cambr. Soc. **15**, 416 (1911). — [3]) L. Vegard, Proc. Roy. Soc. **88**, 379 (1910).

Röntgenstrahlen eine ausgesprochen selektive Elektronenemission existiert[1]).

Tabelle 44.

$\left(\frac{\mu}{\rho}\right)_{Al}$ als Maß der Impulsbreite der Primärstrahlen	Emissionskoeffizient				$\frac{\varepsilon_{Fe}}{\mu_{Fe}}$	$\frac{\varkappa_{Fe}}{\mu_{Fe}}$
	für Elektronen ε $[l^{-1}]$		für charakteristische Sekundärstrahlen $\varkappa$ $[cm^{-1}]$			
cm². g⁻¹	Cu	Fe	Cu	Fe	Proz.	Proz.
88,5	25,3	21,6	—	20	4,1	3,8
71,6	—	53,9	—	51,4	10	9,7
59,1	—	850	—	526	34,2	21,2
47,7	52,5	669	—	403	31,5	19
39,4	137	545	43	307	26,6	17,6
22,5	430	278	390	137	26,3	13,0
18,9	325	218	267	96	23,5	10,4
9,4	125	90	131	43,9	—	—
4,7	56	39,4	52	18,3	—	—
2,5	23	18,8	22,4	8,0	—	—
1,57	13	10,7	14,0	4,7	—	—

Diese selektive Elektronenemission geht einer selektiven Emission der charakteristischen Sekundärstrahlen parallel, sehr deutlich zeigt dies die graphische Darstellung der Zahlen von ε und $\varkappa$ für Fe in den Fig. 65 und 46, und beide sind auf Gebiete selektiver Absorption beschränkt, d. h. in jenen Impulsbreiten, in denen der Absorptionskoeffizient ein Maximum erreicht, wird ein großer Prozentsatz der totalen absorbierten Energie in Energie von Elektronen und charakteristischer Sekundärstrahlung umgesetzt, der sonst außerhalb der selektiven Gebiete in Wärme, durch Streuung entstandene Sekundärstrahlung und anderes verwandelt wird.

---

[1]) Infolgedessen haben ältere Messungen über das relative Emissionsvermögen verschiedener Elemente bei Bestrahlung mit einem technischen Röntgenrohr nur noch geringen Wert, z. B. K. Hahn, Ann. d. Phys. **18**, 141 (1905) oder J. J. Thomson, Proc. Cambr. Soc. **14**, 109 (1906), wo in dem sonst kontinuierlichen Anstieg in der Zahl der austretenden Elektronen mit wachsendem Atomgewicht auch Nickel aus der Reihe herausfällt, als ob sein Atomgewicht größer sei als das des Co.

Der Zusammenhang zwischen selektiver Elektronenemission und charakteristischer Strahlung bleibt auch bei sehr weichen Röntgenstrahlen bestehen. Whiddington[1]) zeigte, daß durch die Strahlen eines mit nur 3400 Volt betriebenen Röntgenrohres von Cu, Pb, Ni, Ag und Zn keine Elektronen emittiert werden, während unter gleichen Bedingungen Al und Pt eine erhebliche Menge Elektronen aussenden, da in diesen durch 3400 Volt eine Bande der charakteristischen Strahlung erregt wird (vgl. Tabelle 28 und S. 81).

Fig. 65.

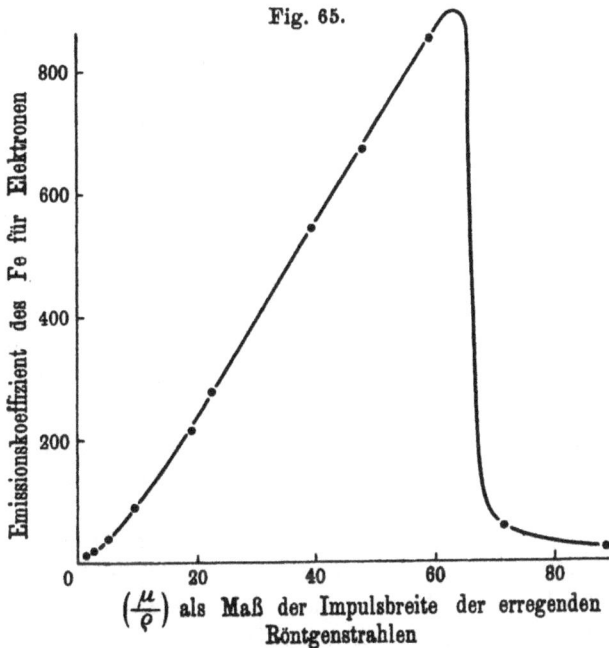

$\left(\frac{\mu}{\varrho}\right)$ als Maß der Impulsbreite der erregenden Röntgenstrahlen

Diese enge Beziehung zwischen der charakteristischen und der Elektronenstrahlung legt die Vermutung nahe, daß die Elektronenemission der primäre Vorgang sei, der bei der selektiven Absorption eintritt und durch die Kollision der Elektronen mit den Atomen die Emission der charakteristischen Strahlung hervorruft. Chapman und Piper[2]) haben jedoch festgestellt, daß

---

[1]) R. Whiddington, Proc. Roy. Soc **85**, 99 (1911). — [2]) J. C. Chapman u. S. J. Piper, Phil. Mag. **19**, 897 (1910).

eine Legierung von zwei Teilen Ag und einem Teil Cu keine charakteristische Strahlung des Ag emittiert, wenn die auffallende Strahlung erst die homogene Strahlung des Cu, aber noch nicht die des Silbers zu erregen vermag. Die Kollision der an Cu-Atomen erzeugten Elektronen mit Ag-Atomen genügt also nicht, um das Ag - Atom zur Emission seiner charakteristischen Strahlung zu veranlassen. Das gleiche ergaben analoge Versuche Chapmans[1] mit gesättigtem Dampf von Äthylbromid in H_2 oder CO_2; die Intensität der charakteristischen Bromstrahlung blieb die gleiche, obwohl das Äthylbromid gemäß seiner Masse im ersten Falle über 20 mal mehr von den erzeugten Elektronen wieder absorbiert, als im zweiten.

Eine Abhängigkeit der Elektronenemission von der Orientierung des elektrischen Vektors zur Oberfläche ist bisher für Röntgenstrahlen nicht gefunden. Es ist fraglich, ob sie überhaupt zu erwarten ist, da im Gegensatz zu den Lichtwellenlängen die Impulsbreite der Röntgenstrahlen von der Größenordnung der Atomdurchmesser anzunehmen ist. Die Zunahme der Elektronenzahl beim Übergang von senkrechter zu streifender Inzidenz der erregenden Röntgenstrahlen ist wahrscheinlich nicht durch eine Vergrößerung der zur Oberfläche senkrecht schwingenden Komponenten des elektrischen Vektors zu erklären, sondern nur durch eine geringere Eindringungstiefe der Röntgenstrahlen. Es können mehr Elektronen das Metall verlassen, wenn sie näher der Oberfläche erzeugt werden. So fand Laub[2] an Pt, daß die Emission der Elektronen bei einem Einfallswinkel von $\varphi = 40^0$ um 20 Proz. geringer ist, als bei streifender Inzidenz. Dorn[3] fand bei $\varphi = 0^0$ an Na die kleinste Elektronenzahl, und v. Lieben[4] stellte fest, daß am Pb die Emission unter $\varphi = 70^0$ und $\varphi = 20^0$ erst dann einander gleich wird, wenn man das Pb mit einer groben Feile aufrauht, oder statt der kompakten Fläche Pb-Pulver von mehr als 0,03 mm Korngröße benutzt.

Hingegen zeigen auch die durch Röntgenstrahlen erzeugten Elektronen analog denen des lichtelektrischen Effektes eine Dissymmetrie in den Emissionsrichtungen, der größere Teil der

---

[1] J. C. Chapman, Phil. Mag. 19, 446 (1911). — [2] J. Laub, Ann. d. Phys. 26, 712 (1908). — [3] E. Dorn, Abhandl. d. Naturf. Ges. Halle 21, 55. — [4] R. v. Lieben, Physik. Zeitschr. 5, 72 (1904).

Elektronen wird in der Richtung der einfallenden Strahlen ausgesandt. Herweg[1]) schließt dies aus der Tatsache, daß die Glaswand eines Röntgenrohres mit einer dünnen scheibenförmigen Antikathode aus Holzkohle auf der den primären Kathodenstrahlen
abgewandten Seite eine intensivere Schwärzung durch zerstäubte
Kohle erfährt. Die Zerstäubung soll durch die Elektronen verursacht sein, die von den primären Röntgenstrahlen auf der Rück-
seite der Antikathode ausgelöst werden. Beatty[2]) hat die Emission
direkt gemessen. A sei eine Messingkapsel mit einem Pergament-
papierfenster F (Fig. 66), durch das homogene primäre Strahlen
eintreten. P ist eine ringförmige Metallelektrode. Auf diese
werden Scheiben aus Papier und Metallfolie gelegt: zuerst in der
Reihenfolge Papier, Metall, Papier, dann wird die Ionisation J_0

Fig. 66.

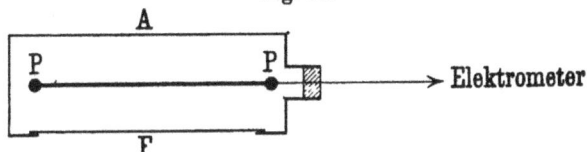

gemessen, die der primären Röntgenstrahlung und der Sekundärstrahlung des Messinggehäuses entspricht, da Papier keine Elektronen emittiert. Dann, von F aus gesehen, Papier, Papier, Metall
und die gemessene Ionisation wird $J_a + J_0$, wobei J_a von den
in Richtung der Primärstrahlen erzeugten Elektronen herrührt;
schließlich die Reihenfolge Metall, Papier, Papier. Die gesamte
Ionisation ist analog $J_e + J_0$, wenn J_e den Elektronen entspricht,
die gegen die Richtung der Primärstrahlen emittiert werden.
Beattys Resultate zeigt die Tabelle 45.

Der Absorptionsverlust der weichen erregenden Strahlen bei
der Bestimmung von J ist berücksichtigt — die unkorrigierten
Werte sind in Klammern beigefügt — und die Zahlen beweisen,
daß ein um so größerer Bruchteil der gesamten Elektronen in der
Richtung der einfallenden Strahlen ausgesandt wird, je größer
das Durchdringungsvermögen oder je kleiner die Impulsbreite der
Röntgenstrahlen ist.

---

[1]) J. Herweg, Physik. Zeitschr. **11**, 170 (1910). — [2]) R. T. Beatty,
Proc. Cambr. Soc. **15**, 492 (1910).

Tabelle 45.

$\dfrac{\mu}{\varrho}$ der erregenden Strahlung	Verhältnis der Zahl der Elektronen, die in und entgegengesetzt der Richtung der Röntgenstrahlen emittiert werden	
cm². g⁻¹	Ag	Cu
88,5	1,02 (0,87)	—
47,7	1,01 (0,93)	—
18,9	1,10 (1,09)	1,08
2,5	1,29	—
1,57	1,30	1,32
sehr klein	1,44	1,42

Der Grund dieser Dissymmetrie ist noch nicht bekannt, da man überhaupt über den Mechanismus der Elektronenemission noch nicht Bescheid weiß. Die Hauptschwierigkeiten bietet, wie bei den lichtelektrischen Erscheinungen, die Größe der beobachteten Geschwindigkeiten. Nimmt man an, daß das Elektron die beobachtete Geschwindigkeit v infolge einer Beschleunigung durch den elektrischen Vektor $\mathfrak{E}_r$ erhält, so kommt man, wie Thomson und Wien[1]) gezeigt haben, zu unmöglichen Folgerungen. Es gilt in diesem Falle

$$\mathfrak{E}_r . e = \dot{v}\, m \quad\ldots\ldots\ldots (53)$$

oder, wenn wir auch hier die Beschleunigung $\dot{v}$ während der Zeit t gleichförmig annehmen,

$$\mathfrak{E}_r\, t = \frac{v\, m}{e} \quad\ldots\ldots\ldots (54)$$

Die elektrische Feldstärke $\mathfrak{E}_r$ eines Röntgenimpulses im Abstande r erhalten wir als Mittelwert aus der Röntgenenergie E_R, die in der Kugelschale vom Volumen $4\,\pi r^2 \lambda$ enthalten ist. Es ist

$$E_R = \frac{1}{4\,\pi} \mathfrak{E}_r^2\, 4\,\pi r^2\, \lambda \quad\cdots\cdots\cdots (55)$$

oder

$$\mathfrak{E}_r = \frac{1}{r} \sqrt{\frac{E_R}{\lambda}}. \quad\cdots\cdots\cdots (56)$$

---

[1]) W. Wien, Ann. d. Phys. **18**, 991 (1905).

Nehmen wir nun ein Zahlenbeispiel. Das Metallblech, das die Elektronen mit $v = 10^9 \frac{cm}{sec}$ emittiert, sei 10 cm von der Antikathode entfernt. Die Antikathode erzeuge Röntgenimpulse von der Breite $\lambda = 10^{-9}$ cm. Die gesamte Ausstrahlung der Antikathode betrage bei 100 Unterbrechungen des Induktors pro Sekunde $100 \cdot 2 \cdot 10^{-4}$ cal oder $8{,}4 \cdot 10^5$ erg. Um diese hervorzurufen, ist erfahrungsgemäß ein Strom [1]) von etwa $3 \cdot 10^{-8}$ Amp. erforderlich, d. h. auf einen Entladungsschlag kommen $\dfrac{3 \cdot 10^{-5} \cdot 10^{-1}}{1{,}4 \cdot 10^{-20}}$ $= 2{,}1 \cdot 10^{14}$ Elektronen, oder auf den Impuls eines Kathodenstrahlelektrons entfallen $E_R = \dfrac{8{,}4 \cdot 10^3}{2{,}1 \cdot 10^{14}} = 4 \cdot 10^{-11}$ erg. Dann beträgt die Feldstärke $\mathfrak{E}_r$ in dem Impuls, der von diesem einen an der Antikathode gebremsten Elektron ausgeht,

$$\mathfrak{E}_r = \frac{1}{10} \sqrt{\frac{4 \cdot 10^{-11}}{10^{-9}}} = 0{,}02 \text{ elektrostat.}$$ Einheiten,

und diese Feldstärke erteilt nach Gleichung (54) einem Elektron die Geschwindigkeit $v = 10^9 \frac{cm}{sec}$ erst in $t = 10^{-7}$ sec, während die Dauer des Röntgenimpulses nur $\tau = \dfrac{\lambda}{c} = 3{,}3 \cdot 10^{-20}$ sec beträgt. Mit anderen Worten, die Röntgenimpulse von $\dfrac{t}{\tau} = 3 \cdot 10^{12}$ Elektronen an der Antikathode müßten nacheinander im gleichen Sinne beschleunigend auf ein Elektron in dem bestrahlten Metalle wirken, bis es mit $v = 10^9 \frac{cm}{sec}$ abfliegt, und daher würde das Elektron das Metall erst dann verlassen, wenn $\dfrac{3 \cdot 10^{12}}{2{,}1 \cdot 10^{14}} = 1{,}4$ Proz. der ganzen Emissionsdauer (etwa 10^{-4} sec) eines Entladungsschlages verstrichen ist.

Ein Ausweg aus dieser Schwierigkeit würde sich bieten, wenn sich die Energie der Röntgenstrahlung in der Gleichung (55) nicht gleichmäßig über die ganze Kugel ausbreitet, sondern räumlich auf einzelne diskrete Volumelemente beschränkt ist, die an

---

[1]) Kennt man die Strombelastung des Rohres nicht, so ist E_R auch aus Gleichung (16) mit Hilfe von λ und der Betriebsspannung V zu berechnen.

Stelle des Kugelschalenvolumens $4\,\pi\,r^2\lambda$ treten, so daß statt einer kontinuierlichen Wellenfläche „helle Flecken auf dunkelm Grunde" erscheinen. J. J. Thomson[1]) wie Einstein haben diese Vorstellung näher ausgeführt, doch ist ihre Grundannahme mit den Maxwellschen Feldgleichungen nicht verträglich.

Ebensowenig führt die Annahme zum Ziele, daß die kinetische Energie des Elektrons gar nicht der Energie des Röntgenimpulses entstammt, sondern bereits im Atom vorhanden ist, und daß die Röntgenstrahlung lediglich auslösend wirkt (W. Wien). Denn bei der Krümmung der Bahn, in der sich das Elektron bewegen müßte, um das Atom nicht zu verlassen, ist die transversale Beschleunigung $\dot{v}$ so groß, daß die kinetische Energie in kürzester Zeit durch Strahlung verloren geht. Denn die Beschleunigung ist:

$$\dot{v} = \frac{v^2}{r} = \frac{(2\,r\,\pi\,\nu)^2}{r},$$

wenn die Kreisbahn ν mal in der Sekunde durchlaufen wird, und daher ist nach der Näherungsformel (16) die Energie, die während eines Umlaufes ausgestrahlt wird,

$$E_a = \frac{2}{3}\frac{e^2}{c^3}\,\dot{v}^2\tau = \frac{2}{3}\frac{e^2}{c^3}\frac{(2\,r\,\pi\,\nu)^4}{r^2}\cdot\frac{1}{\nu},$$

$$E_a = \frac{32}{3}\frac{\pi^4 e^2 \nu^3 r^2}{c^3}\cdot \ \cdot \ \cdot \ \cdot \ \cdot \ \cdot \ \cdot \ \cdot \ (57)$$

oder, wenn das Elektron durch elektrostatische Anziehung in der Kreisbahn gehalten wird[2]), so daß

$$\tau = \frac{1}{\nu} = 2\,\pi\,\sqrt{\frac{m\,r^3}{e^2}}$$

gilt,

$$E_a = \frac{4\,\pi}{3}\cdot\frac{e^2}{c^3}\,\sqrt{\frac{e^6}{m^3 r^5}}\ \cdot \ \cdot \ \cdot \ \cdot \ \cdot \ \cdot \ \cdot \ (58).$$

Nehmen wir als Beispiel ein Elektron, das nach den Beobachtungen über den selektiven Photoeffekt das Kaliumatom vom Radius $r = 2,37 \cdot 10^{-8}$ cm mit der Frequenz[3]) $\nu = 6,8 \cdot 10^{14}$

[1]) J. J. Thomson, Proc. Cambr. Soc. **14**, 417 (1907). — [2]) W. Wien, Ann. d. Phys. **18**, 991 (1905); F. A. Lindemann, Verhandl. d. D. Phys. Ges. **13**, 482 (1911). — [3]) R. Pohl u. P. Pringsheim, Verhandl. d. D. Phys. Ges. **12**, 349 (1910).

umkreist, so emittiert es bereits bei einem Umlauf $1,5 . 10^{-18}$ erg, in einer Sekunde also 10^{-3} erg, während seine gesamte kinetische Energie nur $2,3 . 10^{-12}$ erg beträgt, was einer Geschwindigkeit von $v = 10^8 \frac{cm}{sec}$ entspricht. Es ist daher klar, daß bei den erheblich höheren Geschwindigkeiten, wie sie die bei Röntgenstrahlen beobachteten Elektronen besitzen, die kinetische Energie der Elektronen nicht vorher im Atom vorhanden sein kann. Hingegen wäre es möglich, daß der Mechanismus der Elektronenemission der Energieabgabe der radioaktiven Zerfallsprozesse analog ist. Doch fehlt dafür jeglicher experimentelle Anhalt. Wir erwähnten oben [1]) die Versuche Bumsteads, und überdies ergäbe sich sofort die neue Schwierigkeit, die Abhängigkeit der Geschwindigkeit von der Impulsbreite zu deuten.

Dagegen kann man diese Abhängigkeit zwar nicht anschaulich, aber doch formal wiedergeben, wenn die Energie des Elektrons dem Röntgenimpuls entstammt, und zwar in gleicher Weise, wie Einstein [2]) die entsprechende Schwierigkeit bei den lichtelektrischen Erscheinungen zu beseitigen versucht hat: Planck hat in die Strahlungstheorie die Fundamentalhypothese eingeführt, daß die Emission und Absorption [3]) der Strahlung stets in der Weise vor sich geht, daß das „Zeitintegral der Energie" ($E . \tau$) „die Wirkung", stets einem universellen Wirkungsquantum h oder einem ganzzahligen Vielfachen desselben gleich ist. Für Licht von der Frequenz ν wäre daher der Minimalbetrag der Energie E, der emittiert oder absorbiert werden kann,

$$= \frac{h}{\tau} = h\nu \quad . \quad . \quad . \quad . \quad . \quad . \quad . \quad (59)$$

und Einstein hat nun die Vermutung ausgesprochen, daß auch die kinetische Energie eines durch Licht von der Frequenz ν emittierten Elektrons nur $= h\nu$ oder einem ganzzahligen Vielfachen dieser Größe sein kann, also

$$\frac{h}{\tau} = h\nu = \frac{1}{2} m v_0^2 = \varepsilon V \quad . \quad . \quad . \quad . \quad (60)$$

---

[1]) Vgl. S. 4—5. — [2]) A. Einstein, Ann. d. Phys. 17, 132 (1905). — [3]) Vgl. jedoch M. Planck, Verhandl. d. D. Phys. Ges. 11, 138 (1911), wo diese Hypothese auf den Fall der Emission beschränkt wird.

Durch diese Gleichung Einsteins erklärt sich das Ansteigen der Elektronenenergie proportional der Lichtfrequenz, wie es die bisherigen Versuche ergaben, auch die höchst merkwürdige Unabhängigkeit der Energie von der Intensität des einfallenden Lichtes, sowie von der Temperatur des bestrahlten Körpers und das Aufhören der lichtelektrischen Elektronenemission bei einer langwelligen Grenze, jenseits derer die Geschwindigkeit. der Elektronen zu klein wird, um die Oberflächenkräfte der Metalle zu überwinden (Voltadifferenzen u. dgl.).

Eine quantitative Prüfung der Gleichung (60) ist bei der Unsicherheit in den absoluten Werten der Geschwindigkeiten noch nicht möglich gewesen, doch berechnet sich die Größenordnung richtig, nämlich etwa 6 Volt für eine Lichtwellenlänge von $200\,\mu\mu$.

W. Wien[1]) und J. Stark[2]) haben diese Einsteinsche Gleichung auf den Vorgang der Röntgenstrahlemission und Absorption übertragen und aus ihr einige der wichtigsten experimentellen Ergebnisse folgern können: So erhält man bei der Emission an der Antikathode die Abnahme der Impulsbreite mit wachsender Entladungsspannung V, und bei der Absorption die Abnahme der kinetischen Energie der emittierten Elektronen beim Übergang von harter zu weicher Primärstrahlung. Die schnellsten bei der Absorption emittierten Elektronen sollen die Geschwindigkeit der primären haben, und die Geschwindigkeit der ersteren ist unabhängig von der Intensität der Röntgenstrahlen und der Beschaffenheit des bestrahlten Körpers.

Eine quantitative Prüfung versagt einstweilen infolge unserer Unkenntnis über den genauen Wert der Impulsbreite, aber man kann zunächst umgekehrt aus den Geschwindigkeiten der Elektronen, sei es derer, die an die Antikathode anprallen, oder die bei der Absorption emittiert werden, λ berechnen. Denn es ist

$$\frac{h}{\tau} = \frac{hc}{\lambda} = \varepsilon V$$ oder, wenn wir V in Volt messen,

$$\lambda = 300\,\frac{hc}{\varepsilon V} = 1{,}26.10^{-4}\frac{1}{V} \quad \cdots \cdots (61)$$

da das Wirkungselement h nach Planck $6{,}55.10^{-27}\frac{\text{erg}}{\text{sec}}$ beträgt.

[1]) W. Wien, Götting. Nachr., S. 598—601 (1907). — [2]) J. Stark, Physik. Zeitschr. 8, 881 (1907).

Für harte Strahlen, $V = 6.10^4$ Volt, folgt dann $\lambda = 2.10^{-9}$ cm, also in guter Übereinstimmung mit dem oberen Grenzwert, den man den Beugungsbildern von Walter und Pohl entnehmen kann.

Früher hatten wir aus dem Emissionsvorgang mit der Gleichung (16) einen erheblich kleineren Wert erhalten, nämlich $1,2 . 10^{-10}$ cm, und zwischen der damaligen Berechnungsmethode Wiens und der Anwendung der Planck-Einsteinschen Gleichung scheint zunächst keine Beziehung zu bestehen, ja ihre Resultate scheinen sich gegenseitig auszuschließen. Sommerfeld hat jedoch darauf hingewiesen, daß zwischen beiden Methoden ein enger Zusammenhang existiert. Wir hatten oben aus der Gleichung (16)

$$E_R = \frac{2}{3} \frac{e^2 . v^2}{c^3 \tau}$$

für eine gegebene Elektronengeschwindigkeit v_0 die Impulsdauer τ aus der emittierten Energie E_R berechnet, indem wir an Stelle von v die kinetische Energie der Elektronen E_K einführten und das experimentell gemessene Verhältnis $\dfrac{E_R}{E_K} = B = 2{,}2$ Prom. benutzten. Dieser Wert von B war aber sicher zu groß, und daher τ und λ zu klein, denn unsere Gleichung (16) gilt nur für die gerichtete Röntgenstrahlung; sie verlangt eine homogene, nur von v oder V abhängige Impulsbreite, während der experimentell gemessene Wert von B die ganze Energie der ungerichteten Strahlung mit enthält, als deren Hauptkomponenten wir inzwischen die charakteristische Strahlung des Antikathodenmetalles kennen gelernt haben. Macht man jedoch nun umgekehrt die Annahme, daß τ durch eine universelle Eigenschaft aller absorbierenden oder emittierenden Atome durch das Plancksche Wirkungselement $\tau . E_K = h$ bestimmt sind, so erhält man für $\dfrac{E_R}{E_K}$ einen erheblich kleineren Wert, da sich λ nach der Gleichung (16) größer ergibt, und man kann dann sehen, ob der so berechnete Wert $\dfrac{E_R}{E_K}$ zu dem experimentell bestimmten B in gleichem Verhältnis steht, wie die Energie der gerichteten Strahlung zu der der ungerichteten nach den Messungen über die partielle Polarisation des primären Strahlengemisches. Das ist in der Tat der Fall. Ersetzt man in der Gleichung (22), die Glieder mit $\beta^2 = \dfrac{v_0^2}{c^2}$ nicht vernach-

lässigt, λ durch $\dfrac{h\,c}{\varepsilon\,v}$, so erhält man für $\dfrac{E_R}{E_K}$ einen Wert, der nur

0,054 des experimentell bestimmten B beträgt, d. h. für 59 000 Volt oder $\beta = 0{,}46\,c$ (Kugeltheorie, 0,43 c Relativtheorie) entfallen nur 5,4 Proz. der bolometrisch gemessenen Gesamtenergie auf die gerichteten Röntgenstrahlen, und das steht in guter Übereinstimmung mit den Zahlen von 7 bis 10 Proz., die Baßler für etwa $\beta = 1/_8$ oder 40 000 Volt beobachtet hat, wenn man berücksichtigt, daß der Anteil der gerichteten Strahlung mit steigender Spannung abnimmt. Rechtfertigt sich also hier die Einführung von

$$E_K \cdot \tau = h,$$

so fordert eine weitere experimentelle Tatsache direkt dazu heraus: Wir sahen oben, daß die experimentell gefundene Abhängigkeit der Röntgenenergie E_R von der Elektronengeschwindigkeit v_0:

$$E_R = a' \cdot v_0^4 \quad \ldots \ldots \ldots \ldots \quad (6)$$

mit unserer Grundgleichung (16) nur dann vereinbar ist, wenn

$$\tau = const\, \frac{1}{v_0^2} \quad \ldots \ldots \ldots \ldots \quad (17)$$

ist, wofür wir auch schreiben können:

$$\tau \cdot 1/_2\, m\, v_0^2 = \tau \cdot E_K = const.$$

Ist dann diese Konstante wirklich das Plancksche Wirkungselement h, so ist sie allein für die Bremszeit maßgebend, diese hat nichts mit der mittleren Eindringungstiefe des Elektronenschwarmes zu tun, und die Bedenken, die wir von dieser Seite oben gegen die Gleichung (17) erhoben, werden hinfällig. Allerdings bedarf es noch der experimentellen Bestätigung, daß die Gleichung (6) auch für die gerichtete Röntgenstrahlung allein gültig ist und nicht nur für das Gemisch gerichteter und ungerichteter Strahlung, das die Antikathode bei den Versuchen von Seitz und Carter emittierte.

Als notwendige Folgerung ist mit der Einführung des Wirkungselementes h verbunden, daß die Energie und Impulsbreite der gerichteten Röntgenstrahlung nur von der Spannung abhängt, die die Elektronen beschleunigt, und nicht mehr vom Material der Antikathode. Dessen Einfluß erstreckte sich dann nur auf die Emission der Energie in Form ungerichteter, zumeist charakteristischer Strahlung, deren Impulsbreite und Energie dann ihrerseits nach der Gleichung (60) durch eine Größe τ bestimmt ist, die von irgend welchen Eigenfrequenzen im Inneren des Atomes abhängt, ohne deren Annahme wir uns für die Erscheinungen der charakteristischen Strahlung und der selektiven Absorption kein Bild machen können. Mit dem Planckschen Wirkungselement erhalten wir nach Whiddingtons Zahlen [Tabelle 28][1] für diese Eigenfrequenzen $\nu = 2,9 \cdot 10^{17}$ bei Al und $3,8 \cdot 10^{18}$ für Se, während sichtbares Licht von der Wellenlänge $500\,\mu\mu$ eine Frequenz von $6 \cdot 10^{14}$ besitzt.

Im Sinne der hier entwickelten Vorstellung braucht die charakteristische Strahlung des Antikathodenmaterials, welche den Hauptbestandteil der ungerichteten Strahlung ausmacht, nicht als eine sekundäre Strahlung aufgefaßt zu werden, welche erst durch die Impulse der primären gerichteten erzeugt wird; ihre Anregung kann direkt durch den Anprall eines Kathodenstrahlelektrons erfolgen, etwa ebenso wie sichtbares Fluoreszenzlicht, wenn wir als Antikathodenmaterial eines der vielen fluoreszenzfähigen Salze benutzen.

Eine Schwierigkeit bietet der Erklärung zunächst noch die Tatsache, warum die durch Röntgenstrahlen ausgelösten Elektronen nach den bisherigen Versuchen allein von der Impulsbreite der einfallenden Strahlen abzuhängen scheinen, während die Emission dieser Elektronen aufs engste mit den charakteristischen Sekundärstrahlen von kleinerer Eigenfrequenz verknüpft ist.

Achtes Kapitel.

Bei der Mehrzahl der quantitativen Versuche, die in den vorhergehenden Kapiteln beschrieben sind, wurde von der Fähigkeit der Röntgenstrahlen, Gase zu ionisieren, Gebrauch gemacht. Die Tatsache, daß Gase unter der Einwirkung der Röntgenstrahlen

---

[1] ν scheint der Wurzel aus dem Atomvolumen A proportional zu sein. Es ist $\nu = n \cdot 3,1 \cdot 10^{16} \sqrt{A}$, wo n für Al, Ni, Cu, Zn und Se $= 3$, für Cr und Fe $= 2$ zu setzen ist.

ein elektrisches Leitvermögen erhalten und eine Zeitlang auch
außerhalb des Strahlenbereiches in diesem leitenden Zustande ver-
harren, wurde bereits von Röntgen[1]) festgestellt. Bald darauf
ist, vor allem durch die Untersuchungen J. J. Thomsons und
seiner Schüler, die Ionentheorie dieser Gasleitung entwickelt und
dann insbesondere durch Becquerels Entdeckung der radioaktiven Strahlen weiter ausgebaut. Wir wollen hier von den
mannigfachen Erscheinungen, die bei der Ionisation der Gase beobachtet werden, nur die wenigen in Kürze darstellen, die speziell
für die Röntgenstrahlen charakteristisch oder für ihre Messungen
wichtig sind. Betreffs der allgemeinen Gesetzmäßigkeiten, die
die Ionisation beherrschen, sei auf die Lehrbücher der Gasentladung und der Radioaktivität verwiesen, von denen insbesondere
die letzteren auch ausführlichere Angaben über die verschiedenen
Typen der Meßinstrumente und ihre praktische Benutzung enthalten.

Ein erheblicher Teil der Gesamtionisation, die durch Röntgenstrahlen erzeugt wird, rührt von den Elektronen her, die von den
Wänden[2]) ausgestrahlt werden, die das Gasvolumen begrenzen.
Für sie gelten die Gesetze, die man bei der Ionisation durch
Kathoden- und β-Strahlen gefunden hat, und durch sie ist häufig
eine Beziehung zwischen der relativen Dichte verschiedener Gase
und ihrer Ionisierung durch Röntgenstrahlung vorgetäuscht, die
um so mehr hervortritt, je härter die Röntgenstrahlen sind[3]). Man
kann die Elektronenstrahlen der Wände zum Teil dadurch ver-
meiden, daß man die Wände vor direkter Bestrahlung durch die
primären Strahlen schützt, aber dann bleibt doch noch die sekundäre Röntgenstrahlung aus dem Inneren des Gases, die auf die
Wände auffällt. Weiter wählt man als Material der Wände Substanzen, die aus Elementen von solchem Atomgewicht zusammen-
gesetzt sind, daß die Eigenfrequenz der charakteristischen Sekundärstrahlung, mit der die selektive Elektronenemission parallel
geht, möglichst weit entfernt von dem Impulsbreitenbereich der
Strahlen liegt, die das Gas ionisieren sollen. Für die meisten
Zwecke ist eine Bekleidung der Wände mit Al, Papier u. dgl.

---

[1]) II. Mitteilung. — [2]) J. Perrin, L'éclaire électr. **10**, 481 (1897).
— [3]) R. K. McClung, Phil. Mag. **8**, 357—373 (1904); A. S. Eve,
ebenda, S. 610—618; J. A. Crowther, Proc. Roy. Soc. **82**, 103 (1909).

geeignet. Wir sehen im weiteren von dieser Ionisierung durch die Elektronenstrahlung der Wände ab, da sie mit den Röntgenstrahlen nur in loser Beziehung steht.

Die Ionisation im Gase selbst ist nach Versuchen Angerers der bolometrisch gemessenen Energie der Strahlen proportional, und darauf beruht die Anwendbarkeit der Ionisation zur quantitativen Messung der Röntgenenergie; vgl. Tab. 46.

Tabelle 46.

mg-cal/sec auf dem Bolometer	$J =$ Ionisationsstrom in 10^{-8} Amp.	J
0,053	2,21	1,44
0,128	5,38	1,41
0,201	8,55	1,34
0,216	9,70	1,48
0,267	10,8	1,40

Der Einfluß des Druckes und der chemischen Zusammensetzung der Gase ist wesentlich dadurch bestimmt, in welchem Grade im Gase neben der primären Röntgenstrahlung durch Streuung entstandene und charakteristische Sekundärstrahlen auftreten, sowie Elektronen von dem durchstrahlten Molekül emittiert werden. Gerade diese Elektronen haben einen erheblichen, vielleicht sogar überwiegenden Anteil an der Gesamtionisation. Ein einzelnes Elektron, das von dem neutralen Atom abgespalten wird, bleibt nicht nur in einem zweiten Atom stecken, so daß dieses in ein negatives Ion verwandelt wird, sondern erzeugt durch seine erhebliche Geschwindigkeit längs seiner Flugbahn eine große Anzahl weiterer Ionen durch Zusammenstoß. Das folgt unter anderen aus Versuchen von Herweg und Wilson.

Herweg[1] ionisierte das Gas in einem kleinen Kondensator und erniedrigte den Druck so weit, daß die Flugbahn der im Gase erzeugten Elektronen größer wurde als der Abstand der Platten, also ein großer Teil der Elektronen die Wände erreichte,

---

[1] J. Herweg, Ann. Phys. **19**, 333 (1906).

bevor ihre kinetische Energie zur Erzeugung von Ionen durch Zusammenstoß verbraucht war. Dann wurde dieser Kondensator in ein Magnetfeld von 600 Gauß gebracht, dessen Kraftlinien senkrecht zu den elektrischen des Kondensators standen, so daß sich die Elektronen auf Cykloidenbahnen bewegten. Sofort stieg die Zahl der gebildeten Ionen erheblich, bei 60 mm Hg auf ungefähr das Doppelte und noch bei 520 mm um 9 Proz., weil nunmehr die Flugbahn der Elektronen ganz im Inneren des Gases verlief, und daher die ganze kinetische Energie der Elektronen zur Erzeugung von Ionen durch Kollision mit neutralen Molekülen verbraucht wurde.

Ganz besonders instruktiv sind die Versuche von Wilson [1]), dem es gelungen ist, die Flugbahn der Elektronen direkt dem Auge sichtbar zu machen, indem die längs der Flugbahn erzeugten Ionen als Kondensationskerne [2]) für Wasserdampfnebel verwandt werden. Eine flache Messingdose von 7,5 cm Durchmesser hat als Boden einen verschiebbaren Stempel, so daß die Dicke der eingeschlossenen Gasschicht plötzlich von 4 oder 5 auf über 6 mm vergrößert werden kann. War die Luft mit Wasserdampf gesättigt, so erfolgt bei der Expansion eine Kondensation, und diese Nebeltröpfchen lagern sich an etwa vorhandene Ionen an. Nun wird das Gas durch Röntgenstrahlen ionisiert. Sofort darauf erfolgt eine Expansion, bevor die Ionen durch Diffusion den Ort ihrer Entstehung verlassen haben, und daher markieren die Nebeltröpfchen die Flugbahn der Elektronen. In der Fig. 67 ist eine photographische Aufnahme nach einem Original Wilsons reproduziert. Man sieht die Bahn der Elektronen weiß auf dunklem Grunde; ihre Länge beträgt bei einigen mehr als ein Centimeter. Infolge der starken Zerstreuung sind sie meist zickzackförmig, und stellenweise bilden sie vollkommen geschlossene Schleifen. Daneben sieht man auf älteren Aufnahmen Wilsons einige Schußkanäle solcher Elektronen, die von den Messingwänden der Büchse unter der Einwirkung der Röntgenstrahlen emittiert werden, und eine Reihe diffuse, strukturlose Nebelwolken, die entweder daher rühren, daß die Ionen schon vor

[1]) C. T. R. Wilson, Proc. Roy. Soc. 85, 285 (1911) und 86 (1912). — [2]) F. Richarz, Wied. Ann. 59, 592 (1896); C. T. R. Wilson, Phil. Trans. 189, 265 (1897).

der Expansion die Flugbahn der Elektronen durch Diffusion verlassen haben, vielleicht aber auch von Ionen gebildet werden,
die durch die primären Röntgenstrahlen selbst erzeugt werden,
d. h. ohne Zwischenschaltung der Elektronen, die mit den Gas-
molekülen kollidieren. Diese überaus einfache Methode Wilsons
ist natürlich auch für die Ionenbildung durch andere Strahlen-
quellen, α-, β-Strahlen usw., anzuwenden und außerordentlich
wertvoll.

Ein wie großer Bruchteil der gesamten Ionisation auf Rechnung
dieser im Gase erzeugten Elektronen zu setzen ist, bleibt zurzeit
noch unentschieden. Die vorläufigen Messungen schwanken zwischen
100 Proz. nach Bragg und Porter[1]) und 60 bis 80 Proz. nach

Fig. 67 [2]).

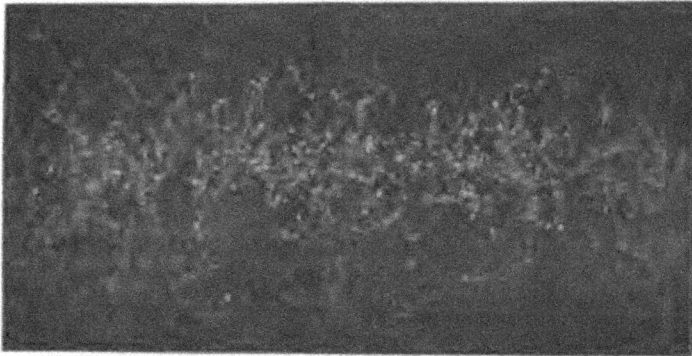

← Richtung der Röntgenstrahlen.

Beatty[3]), besitzen aber nach Barkla und Simons[4]) noch sehr
erhebliche Unsicherheiten. Man kann den Anteil der Elektronen
bestimmen, wenn man in einem Gase die Ionisation als Funktion
des Druckes aufnimmt und den Absorptionskoeffizienten für das
Gas kennt. Man erhält dann bei hohen Drucken eine Gerade,
deren Verlängerung die Abszisse schon vor dem Drucke Null
durchschneidet, weil bei tiefen Drucken ein großer Teil der kinetischen Energie der Elektronen für die Ionisation verloren geht,

[1]) W. H. Bragg und H. J. Porter, Proc. Roy. Soc. 85, 349 (1911).
— [2]) Das Bild ist um das 2,45 fache vergrößert. — [3]) R. T. Beatty,
Proc. Roy. Soc. 85, 230—239. — [4]) C. G. Barkla und L. Simons,
Phil. Mag. 23, 317—322 (1912).

sobald die Flugbahn der Elektronen den Dimensionen des Meß-
kondensators vergleichbar wird.

Die Tatsache, daß bei höheren Drucken die Ionisation linear
ansteigt, beweist, daß der Anteil der sekundären Röntgenstrahlen
an der Gesamtionisation gering ist, obwohl ja auch sie, genau wie
die primären, das Gas ionisieren müssen, sei es direkt, sei es durch
die schnellen Elektronen, die sie ihrerseits erzeugen.

In einer Schicht x wird von der einfallenden Primärenergie E_{R_0}
beim Drucke p der Bruchteil

$$E_R = E_{R_0} \mu \frac{p}{P} x$$

absorbiert, solange μx klein gegen 1 ist, wenn μ der zum Atmosphärendruck P gehörige Absorptionskoeffizient ist. Gleichzeitig
entsteht durch Streuung eine Sekundärstrahlenenergie

$$E_s = E_{R_0} s \frac{p}{P} x,$$

und als charakteristische:

$$E_\varkappa = E_{R_0} \varkappa \frac{p}{P} x,$$

falls s bzw. $\varkappa$ den Koeffizienten der Streuung und der Emission
für charakteristische Sekundärstrahlen (S. 68 und 82) bezeichnet.
Von beiden werden die Bruchteile

$$E_s = E_{R_0} s \frac{p}{P} x \mu_s \frac{p}{P} y$$

und

$$E_\varkappa = E_{R_0} \varkappa \frac{p}{P} x \mu_\varkappa \frac{p}{P} y$$

absorbiert, wenn y einen Mittelwert des Weges darstellt, auf dem
Strahlen noch proportional ihren Koeffizienten μ_s bzw. μ_x absorbiert werden.

Ist nun die Ionisation J proportional der absorbierten Energie
so daß gilt:

$$J_R = A_R E_R, \quad J_s = A_s E_s \text{ und } J_\varkappa = A_\varkappa E_\varkappa,$$

so ist die gesamte Ionisation:

$$\left. \begin{aligned} J &= J_R + J_s + J_\varkappa \\ &= E_{R_0} x \left\{ A_R \mu \frac{p}{P} + y (A_s s \mu_s + A_\varkappa k \mu_\varkappa) \frac{p^2}{P^2} \right\} \end{aligned} \right\} \quad \cdot \cdot (62)$$

also quadratisch vom Gesamtdrucke abhängig. Nun ist aber $A_R = A_s$ und $\mu_s = \mu_R$, da die Härte der durch Streuung entstandenen die gleiche wie die der primären Strahlen ist, und daher wird das Produkt $s.\mu_s$ selbst für die stärkst zerstreuenden Gase, wie z. B. Luft, nur $= 0,2.0,4\varrho = 0,08\varrho = 1,04.10^{-4}$. Daher verschwindet der erste Teil des quadratischen Gliedes in der Gleichung vollkommen, und bei allen Gasen, die die einfallenden Primärstrahlen nur zerstreuen, besteht eine lineare Beziehung zwischen Druck und Ionisation, wie von vielen Beobachtern fest-

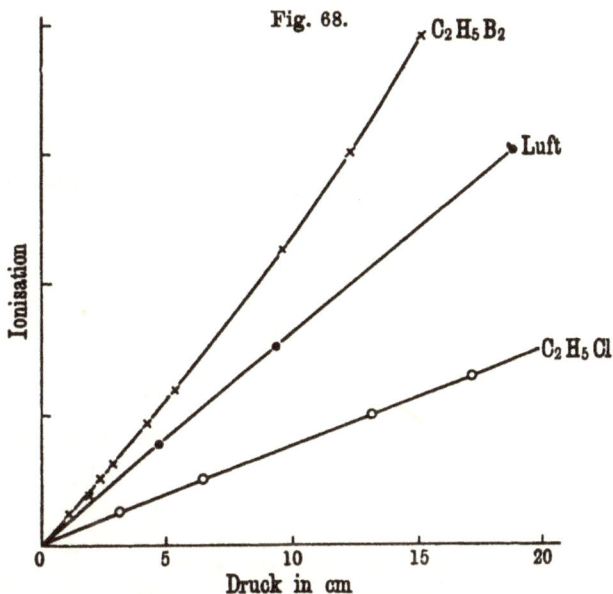

Fig. 68.

gestellt ist[1]). Das quadratische Glied der Gleichung (62) wird nur dann von merklichem Einfluß, wenn das Gas solche Elemente enthält, die durch die einfallenden Primärstrahlen zur Emission einer intensiven charakteristischen Sekundärstrahlung angeregt werden. Ein Beispiel dafür ist der Dampf von Äthylbromid, und eine Meßreihe Crowthers ist in der Fig. 68 reproduziert, in der zum Vergleich auf zwei Kurven für nur zerstreuende Gase

[1]) Zum Beispiel von J. Perrin, Compt. rend. **123**, 878 (1896); J. A. Crowther, Proc. Cambr. Soc. **15**, 34 (1908).

C_2H_5Cl und Luft (letztere in anderem Ordinatenmaßstab) eingezeichnet sind.

Die Zahl der in verschiedenen Gasen erzeugten Ionen variiert, wenn man sie auf gleiche einfallende Primärintensität bezieht, stark mit. der chemischen Zusammensetzung der Moleküle, wie auch der Härte der Primärstrahlen, da die Absorption ausgesprochen selektiv ist und in den Banden oder Linien der charakteristischen Sekundärstrahlung Maxima erreicht. Einige Zahlen Crowthers sind in der zweiten und dritten Spalte der Tabelle 47 vereinigt, und zwar beziehen sie sich lediglich auf die direkte Ionisation durch die primären Strahlen und der durch diese erzeugten Elektronen. Die Ionisation durch die charakteristische Sekundärstrahlung ist abgezogen.

Die Zahl der Ionen in Äthylbromid war so erheblich, daß 120 bis 150 $\frac{\text{Volt}}{\text{cm}}$ zur Erzielung des Sättigungsstromes erforderlich waren, und wegen dieser starken Ionisierbarkeit ist dieses Gas auch zur Füllung von Meßkondensatoren geeignet, wenn man schwache Strahlungsintensitäten nachweisen will und den störenden Einfluß der selektiven Absorption der Strahlen ausschalten kann.

Tabelle 47.

Gas	Relative Ionisation, bezogen auf gleiche			
	auffallende Primärenergie		absorbierte Primärenergie	
	Weiche Strahlen	Harte Strahlen	Weiche Strahlen	Harte Strahlen
Luft	1,00	1,00	—	—
H_2	0,01	0,18	—	—
CO_2	1,57	1,49	—	—
$CH_3CO_2CH_3$.	4,95	3,90	1,00	1,00
C_2H_5Cl	18,0	17,3	1,64	1,00
CCl_4	67,3	71	1,12	1,5
$NiCO_4$	89	97	1,76	0,91
C_2H_5Br	72	118	0,96	1,08
CH_3Br	71	—	0,98	—
CH_3J	145	125	1,92	0,88
$Hg(CH_3)_2$ . . .	425	—	1,46	—

Die starke Abhängigkeit der relativen Ionisation des H_2 ist von verschiedenen Seiten bestätigt, so auch von Beatty, der streng homogene Strahlen benutzte. Die Ionisation betrug, auf Luft bezogen, in dem Härtebereich der Primärstrahlen von $\left(\dfrac{\mu}{\varrho}\right)_{Al} = 88,5$ bis 22,5 cm². g^{-1} 5,7 . 10^{-3}, bei $\left(\dfrac{\mu}{\varrho}\right)_{Al} = 1,57$ cm². g^{-1} 40 . 10^{-3}.

Dividiert man die Zahlen der Tabelle 47 durch die zugehörigen Absorptionskoeffizienten, so erhält man die auf die Zahl der von der gleichen absorbierten Primärenergie erzeugten Ionen, da

$$\int_0^\infty e^{-\mu x}\, dx = \frac{1}{\mu}$$

ist. Die entsprechenden Werte sind in der vierten und fünften Spalte angeführt. Die Abweichungen der einzelnen Zahlen liegen außerhalb der Versuchsfehler, und daraus folgt, daß die Zahl der von der gleichen absorbierten Primärenergie direkt — ohne Mitwirkung der sekundären Röntgenstrahlen — erzeugten Elektronen in erheblichem Maße von der chemischen Beschaffenheit des Gases abhängt. Und zwar kommt es nicht nur auf die Atome an, aus denen die Moleküle aufgebaut sind, die Ionisation ist keine rein additive Eigenschaft der Elemente, sondern die chemische Bindung der Atome ist von einem sicher nachweisbaren Einfluß. Die Ionisation des S-Atomes ist beispielsweise um 20 Proz. für die gleiche absorbierte Energie größer, wenn das S mit H in SH_2 vereinigt ist, als bei der Bindung mit O in SO_2. Genaue quantitative Untersuchungen sind erst neuerdings in Angriff genommen [1].

Der Betrag der absorbierten Gesamtenergie, der in einem Gase auf die Erzeugung von Ionen verwandt wird, ist nur ein geringer Bruchteil. Durch Vergleich mit der bolometrisch im absoluten Maße gemessenen Energie haben Rutherford und McClung [2] festgestellt, daß in Luft bei der Absorption von 3,4 . 10^{-10} erg erst ein Ionenpaar gebildet wird, während die Größenordnung für die Abtrennungsarbeit eines einzelnen Ions etwa 10^{-11} erg beträgt.

[1] C. G. Barkla und L. Simons, Phil. Mag. **23**, 317 (1912). —
[2] E. Rutherford und R. K. McClung, Phil. Trans. **196**, 25 (1901). Weitere Literatur: M. Moulin, Becherches sur l'ionisation produite par les Rayons X, 109 S. Paris, Gauthiers-Villars, 1910.

Ein Teil der durch Röntgenstrahlen erzeugten Ionen trägt die Ladung von zwei elektrischen Elementarquanten, wie aus Versuchen von Townsend[1]), Franck und Westphal[2]) u. a. hervorgeht. Man erhält die Ladung ε eines Gasions aus dem Diffusionskoeffizienten D und der Beweglichkeit u nach der Gleichung[3]):

$$\frac{u}{D} = \frac{N \cdot \varepsilon}{P},$$

wenn N die Zahl der Moleküle in cm^3 = 2,7 . 10^{19} und P den Atmosphärendruck in Dynen pro cm^2 bezeichnet.

Auch das Leitvermögen flüssiger und fester Dielektrika wird unter der Einwirkung der Röntgenstrahlen erhöht. Röntgen[4]) selbst hat gefunden, daß das Leitvermögen des Kalkspats auf den 100- bis 200 fachen Wert ansteigt, falls tagelange Bestrahlungen angewandt werden, und die Rückkehr des ursprünglichen Widerstandes erfolgt ganz außerordentlich langsam (in vielen Jahren), wenn man den Vorgang nicht durch Temperaturerhöhung beschleunigt.

Eine Folge der Ionenbildung ist der starke Einfluß der Röntgenstrahlen auf die verschiedenen Formen der selbständigen elektrischen Gasentladung. de Hemptinne[5]) hat 1897 gefunden, daß ein mit Hertz schen Schwingungen betriebenes Geißlerrohr bei erheblich höherem Gasdruck eine Entladung einsetzen läßt, wenn das Rohr von Röntgenstrahlen getroffen wird. de Hemptinne gibt für verschiedene Gase folgende Zahlen (Tabelle 48).

Nach Starkes[6]) Untersuchungen handelt es sich bei diesem Einfluß der Röntgenstrahlen sowohl um eine direkte Herabsetzung des Entladungspotentials, wie auch um eine Aufhebung der durch Warburg[7]) entdeckten Verzögerung. An einer Funkenstrecke zwischen Metallkugeln in trockener Luft von Atmosphärendruck fiel das statische Entladungspotential von 3600 auf 3300 Volt, und zwar unabhängig von der Intensität selbst dann noch, wenn die Strahlen, durch dickes Zn-Blech geschwächt, auf einem Fluoreszenzschirm keine merkliche Fluoreszenz mehr erregten. Als Gleichstromquelle diente eine 20 plattige Influenzmaschine.

---

[1]) J. S. Townsend, Proc. Roy. Soc. **80**, 207 (1908). — [2]) J. Franck und W. Westphal, Verhandl. d. D. Phys. Ges. **11**, 146, 276 (1909). — [3]) J. J. Thomson, Cond. of El. thr. Gases. I. Aufl., p. 32 (1903). — [4]) W. C. Röntgen, Münch. Ber., S. 113—114 (1907). — [5]) A. de Hemptinne, Compt. rend. **125**, 428 (1897). — [6]) H. Starke, Wied. Ann. **66**, 1009 (1898). — [7]) E. Warburg, ebenda **62**, 385 (1897).

Tabelle 48.

| Gas | Druck, bei dem die Entladung einsetzt | |
	ohne Röntgenstrahlen	mit Röntgenstrahlen
	mm Hg	mm Hg
H_2	71	94
O_2	51	68
Äthylalkohol . .	16,5	26
Äther	14	23
Chloroform . .	10	28

Für die Messung der Verzögerung kam der von Warburg angegebene Apparat in Anwendung, d. h. im wesentlichen eine Kontaktvorrichtung, die nur für den Bruchteil einer Sekunde eine bekannte Spannung an die Funkenstrecke anlegt. Die Entladung, die bei dauernd angeschalteter Spannung schon bei 2800 Volt ansprach, blieb bei Benutzung der Kontaktvorrichtung selbst bei 12000 Volt regelmäßig aus, weil während der kurzen Dauer des Spannungsgefälles zwischen den Kugeln nicht die zur Funkenbildung durch Ionenstoß erforderliche Zahl und Verteilung von Ionen erzeugt werden konnte. Trat jedoch an Stelle der wenigen in der Luft spontan gebildeten Ionen eine geringe Ionisation durch die mit Zn-Blech sehr geschwächten Röntgenstrahlen, so sprach die Entladung bei Spannungen zwischen 5000 bis 12000 Volt in jedem Falle an; bei 4500 Volt in 40 Proz., bei 3000 Volt in 10 Proz. aller Fälle. Eine nicht durch Zn-Blech geschwächte Röntgenstrahlung bewirkte sogar schon bei 2900 Volt ausnahmslos das Einsetzen der Entladung.

Diese Erscheinungen wurden später von verschiedenen Seiten bestätigt, und sie interessieren uns hier, weil Blondlot und Marx versucht haben, sie für eine Messung der Geschwindigkeit der Röntgenstrahlen zu verwenden.

Blondlot[1]) betrieb ein Röntgenrohr mit einem Hertzschen Oszillator von 114 cm Wellenlänge, koppelte gleichzeitig induktiv mit diesem Oszillator eine Funkenstrecke, und ermittelte den Abstand des Röntgenrohres, bei dem die Entladung der

---

[1]) M. P. Blondlot, Compt. rend. 135, 606, 721, 763 (1902).

Funkenstrecke ihre maximale Intensität erreichte. Dann vergrößerte er den Abstand des Röntgenrohres, um so die Röntgenstrahlen in einem späteren Zeitpunkt auf die Funkenstrecke auffallen und dort eine andere Potentialphase antreffen zu lassen, und fand eine Abnahme der Entladungsintensität. Doch konnte Blondlot den Einfluß der Rohrverschiebung dadurch kompensieren, daß er den Drahtweg der elektrischen Welle zum Röntgenrohr genau um den Betrag der Verschiebung vergrößerte, und

Fig. 69.

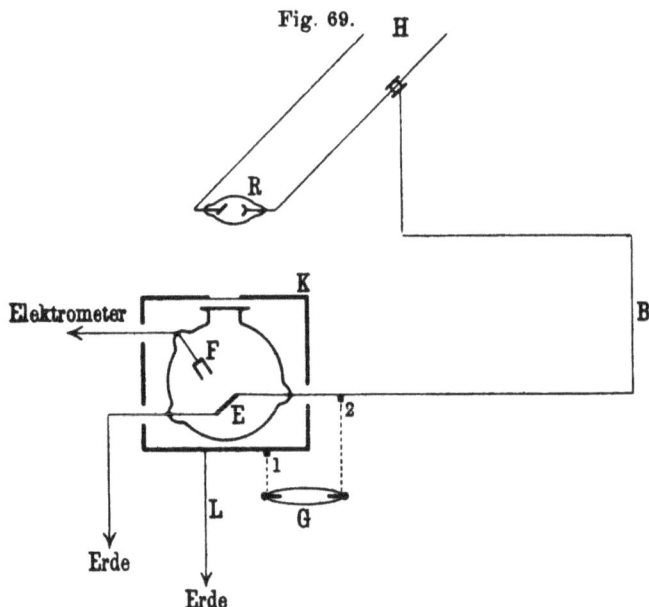

daraus schloß Blondlot, daß die Röntgenstrahlen die Geschwindigkeit elektrischer Wellen an Drähten, d. h. Lichtgeschwindigkeit besitzen. Blondlot hat seine Resultate nicht aufrecht erhalten und die beobachteten Wirkungen später nicht den Röntgen-, sondern seinen N-Strahlen zugeschrieben.

Die Versuchsanordnung von Marx[1]) ist in der Fig. 69 schematisch dargestellt. Ein Hertzscher Oszillator H betreibt das Röntgenrohr R. Gleichzeitig ist mit dem Oszillator eine Elektrode E induktiv gekoppelt. Sie befindet sich in dem Vakuumgefäß V, ihr gegenüber steht ein Faradayscher Käfig F, der an

---

[1]) E. Marx, Ann. d. Phys. **33**, 1305 (1910).

ein Elektrometer angeschlossen ist, und das Ganze ist in einen
Blechkasten K eingebaut, der über mehrere Meter lange Leitungen L
zur Erde abgeleitet ist. Die Dimensionen des Apparates sind so
bemessen, daß die Gasentladung an E nur einsetzt, wenn die
Röntgenstrahlen des Rohres R auf sie auffallen. Alsdann mißt
Marx während einer Zeit von 15 Sekunden die Intensität der
ausgelösten Gasentladung in ihrer Abhängigkeit von der Länge
des Drahtweges B und findet, wie in der Fig. 70, zwei ausgesprochene Maxima $\alpha\,\alpha'$, deren Abstand gleich der benutzten

Fig. 70.

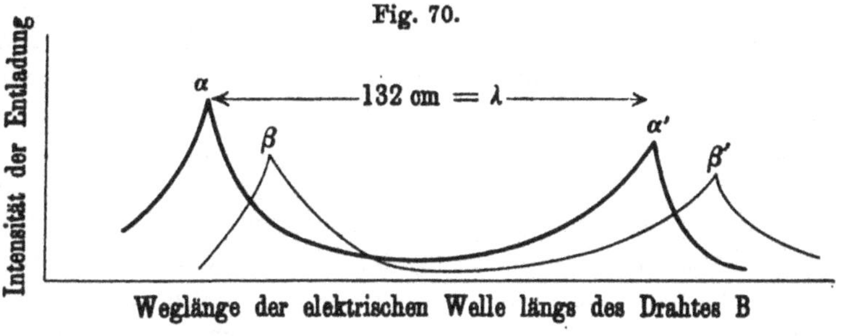

Weglänge der elektrischen Welle längs des Drahtes B

Wellenlänge von 132 cm ist. Alsdann vergrößert Marx den Abstand RK von seinem anfänglichen Wert von etwa 5 cm um eine
Länge von 5 bis 15 cm und findet, daß sich gleichzeitig auch
die Maxima um den gleichen Betrag verschieben, wie es in der
Fig. 70 durch die Kurve $\beta\,\beta'$ angedeutet ist. Aus dieser Tatsache folgert Marx die Identität der Röntgenstrahlgeschwindig-
keit mit den elektrischen Drahtwellen längs B oder der des
Lichtes.

Franck und Pohl[1]) haben die Stichhaltigkeit der Marxschen Schlußfolgerung in Frage gezogen. Sie haben in entsprechenden Versuchen[2]) zwischen 1 und 2 ein Geißlerrohr G
eingeschaltet, bei dem die Entladung schon ohne Röntgenstrahlen
ansprach, und haben durch die Änderung seiner Entladungsintensität experimentell bewiesen, daß zwischen dem Schutzkasten K
und der isoliert eingeführten Elektrode E Spannungsdiffe-
renzen auftreten, deren Größe sich durch den Abstand RK variieren
und durch Veränderung in der Länge des Drahtweges B kom-

---

[1]) J. Franck und R. Pohl, Ann. d. Phys. **34**, 936 (1911). —
[2]) Dieselben, Verhandl. d. D. Phys. Ges. **13**, 489 (1908).

pensieren läßt. Franck und Pohl deuten daher auch die von Marx beobachteten Änderungen in der Intensität der selbständigen Gasentladung an E durch die Interferenz zweier elektrischer Wellenzüge, deren einer, wie bei Marx, über den Draht B läuft, während der andere auf dem Wege durch die Luft den Kasten K relativ zu der isoliert eingeführten Elektrode in Schwingung versetzt. Die Punkte $\alpha\,\beta$ entsprechen in dieser Auffassung den maximalen Interferenzpotentialen, bei denen die beiden Wellenzüge in Phase sind. Es ist bekannt und auch von Marx selbst bestätigt, daß die Intensität der selbständigen Gasentladung rapide mit der Spannung ansteigt, und die Potentialdifferenzen zwischen K und E sind bei den geometrischen Dimensionen des Apparates ($\lambda = 132\,\mathrm{cm}$, $R\,K = 5$ bis $15\,\mathrm{cm}$ und meterlange Erdableitungen) nicht zu umgehen. Leider hat Marx[1]) sich im Verlauf der umfangreichen Diskussion nicht entschließen können, die Spannung zwischen K und E direkt zu messen, um zu zeigen, daß sie vom Abstande $R\,K$ und der Länge von B unabhängig ist, sondern hat sich im Gegensatz zu den Versuchen von Franck und Pohl stets nur auf indirekte Schlüsse gestützt. Es bedarf wohl nach der Darstellung des ganzen Buches nicht der Erwähnung, daß mit dem Bedenken gegen die Marxschen Versuche nicht die Identität der Röntgenstrahl- und der Lichtgeschwindigkeit in Frage gezogen werden soll.

Ist es schon bei den Erscheinungen der Ionisation zweifelhaft, inwieweit wir es noch mit einer direkten Wirkung der Röntgenstrahlen und nicht der sekundär durch sie erzeugten Kathodenstrahlen zu tun haben, so besteht diese Unsicherheit in noch erhöhtem Maße auf dem Gebiete der Lumineszenzvorgänge und der chemischen Wirkungen, die durch die Röntgenstrahlen hervorgerufen werden. Aus diesem Grunde wollen wir uns hier mit einem ganz kurzen Überblick über die wichtigsten Tatsachen begnügen, obwohl gerade diese beiden Gebiete für die praktische Anwendung der Strahlen, insbesondere in der Medizin, von großer Wichtigkeit sind und auch zweifellos physikalisch sehr wertvolle Aufschlüsse ergeben werden, wenn systematische Bearbeitungen dieses Gebietes unternommen werden. Einstweilen ergeben sich die wesentlichen Schwierigkeiten daraus, daß die analogen Er-

---

[1]) E. Marx, Verhandl. d. D. Phys. Ges. 10, 127, 157 (1908); Ann. d. Phys. 35, 397 (1911). Dort weitere Literaturangaben.

scheinungen in der Optik nur sehr wenig geklärt sind. Das gilt
z. B. besonders von der bekanntesten der chemischen Wirkungen,
der Schwärzung der photographischen Platte. Hier scheint im
allgemeinen zwischen dem Einflusse der Röntgenstrahlen und dem
gewöhnlichen Lichte kein grundsätzlicher Unterschied zu bestehen,
und es gibt, was experimentell wichtig ist, keine für Röntgenstrahlen besonders empfindliche Platte [1]). Doch haben manche
Bromsilberplatten die Eigentümlichkeit [2]), das latente Röntgenbild
rosa auf grünlichem Grunde hervortreten zu lassen, falls man das
Bild hinterher mit Tageslicht bestrahlt und von jeder weiteren
Entwickelung absieht. Es handelt sich dabei vielleicht um eine
Überführung des Bromsilberkolloides in den Zustand feinerer Verteilung, in dem die Röntgenstrahlen eine mechanische Zerstäubung
des kolloidalen Kornes hervorrufen, wie man sie in ähnlicher Weise
bei Licht annimmt, um den sogenannten Claydeneffekt [3]), d. h.
die Empfindlichkeitsverminderung des Kornes durch kurz dauernde
intensive Bestrahlung, wie bei Funkenaufnahmen u. dgl., zu erklären. Doch muß wegen aller Einzelheiten auf die photographisch-
chemische Literatur [4]) verwiesen werden.

Eine weitere chemische Wirkung [5]) der Röntgenstrahlen kann
man an jedem technischen Rohre beobachten. Nach längerem Be-
triebe zeigt das Glas, soweit es von den Strahlen durchsetzt wird,
eine intensive violette Farbe, die durch die Abscheidung von
kolloidalem Mangan verursacht wird und in gleicher Weise bei
intensiver Lichtbestrahlung, z. B. Sonnenlicht, auftritt.

Desgleichen sind Farbänderungen an zahlreichen Mineralien
beobachtet [6]). Lösungen von Jodoform in Chloroform, Chlor-
kohlenstoff, Benzol u. dgl. scheiden, genau wie im Licht oder unter
radioaktiven Strahlen, Jod ab. Das Edersche Aktinometer-
gemisch von Hg-Chlorid und Ammoniumoxalat läßt Quecksilber-
chlorür bei Bestrahlung ausfallen usw.

[1]) B. Walter, Verhandl. d. D. Röntgen-Ges. **4**, 59 (1908). —
[2]) R. Luther und Uschkoff, Physik. Zeitschr. **4**, 866 (1903). — [3]) Zum
Beispiel R. W. Wood, Astrophys. Journ. **17**, 361 (1903); B. Walter,
Ann. d. Phys. **27**, 93 (1908). — [4]) Zum Beispiel Lüppo-Cramer, Die
Röntgenographie in ihrem photographischen Teil. Halle 1909, Verlag
Knapp. — [5]) Zum Beispiel P. Villard, Compt. rend. **129**, 882 (1899);
B. Walter, Fortschr. a. d. Geb. d. Röntgenstrahlen **7**, 1 (1904). —
[6]) G. Holzknecht, Verhandl. d. D. Phys. Ges. **4**, 25 (1902).

Zu den chemischen Wirkungen gehört vielleicht auch die Widerstandsverminderung des Selens unter der Einwirkung der Röntgenstrahlen, bei der die Abhängigkeit des Leitvermögens k von der Strahlungsintensität J genau wie beim Lichte nach der empirischen Gleichung:

$$J = k(k-a)b \quad \dots \dots \quad (63)$$

bestimmt wird [1]), wenn a und b Konstanten bedeuten. Doch ist die chemische Auffassung der zahlreichen an Selen beobachteten Erscheinungen durchaus nicht allseitig anerkannt [2]).

Lumineszenzvorgänge werden von Röntgenstrahlen in zahlreichen Substanzen erregt, doch lassen die meisten Versuche nicht erkennen, welcher Anteil der Lichtemission der Phosphoreszenz oder der Fluoreszenz zuzuschreiben ist.

Schuhknecht [3]) hat mittels eines Quarzspektrographen die Wellenlängen der Lumineszenzstrahlen einiger intensiv leuchtender Substanzen ermittelt und seine Resultate in der Tabelle 49 vereinigt.

Tabelle 49.

	Wellenlänge des Lumineszenzlichtes	
	λ	λ_{max}
Flußspat	364—240 $\mu\mu$	284 $\mu\mu$
„	390—231	284
„ mit Eisenspat .	390—231	280
Scheelit	480—375	433
Zinksulfid	509—412	450
Platinbariumcyanür . . .	509—442	480
Platinkaliumcyanür . . .	490—412	450
Calciumplatincyanür . .	509—455	480
Uranammoniumfluorid .	440—380	—

Im einzelnen variiert die spektrale Verteilung des Lumineszenzlichtes stark mit dem Gehalt an geringen fremden Beimengungen [4]),

[1]) G. Athanisiades, Ann. d. Phys. **28**, 890—896 (1909). — [2]) Vgl. C. Ries, Physik. Zeitschr. **12**, 480, 522 (1911). — [3]) P. Schuhknecht, Ann. d. Phys. **17**, 717 (1905). — [4]) A. Winkelmann und R. Straubel, Wied. Ann. **59**, 324 (1896); W. Radebolt, Dissert., Rostock 1903.

wie insbesondere Versuche an Flußspat gezeigt haben, genau wie die Emission der Erdkaliphosphore bei Bestrahlung mit Licht wesentlich durch geringe Beimengungen bestimmt wird. Auch ergeben nicht alle Substanzen, die durch Licht oder Kathodenstrahlen erregt werden, eine Lumineszenzemission unter Einwirkung der Röntgenstrahlen, und bei Salzen, die wie Zinkblende durch alle drei Strahlenarten erregt werden, bestehen nach **Nichols** und **Merritt** [1]) geringe, aber sicher nachweisbare Unterschiede in der spektralen Verteilung. Die Abklingungskurve der Lumineszenzstrahlung ist die gleiche wie die im Lichte beobachtete, nur erstreckt sie sich, gemäß der größeren Eindringungstiefe der Röntgenstrahlen, über eine längere Zeit [2]).

Zu den Lumineszenzvorgängen gehört auch die Sichtbarkeit der Strahlen für das menschliche Auge [3]). Der Lichteindruck, den man bei geschlossenen Lidern vor jedem intensiven Röntgenrohr wahrnimmt, ist nicht etwa durch ein Akkommodationsphosphen vorgetäuscht, sondern tatsächlich den Röntgenstrahlen zuzuschreiben. Denn der Lichteindruck bleibt bestehen, wenn man die akkommodierenden Muskeln durch Hämatropin lähmt, und außerdem ergibt die Einschaltung eines schattengebenden geraden Körpers, sei es ein Stab [4]), sei es ein Spalt [5]), eine dunkle bzw. helle Linie im Gesichtsfeld, die nach innen oder außen gekrümmt erscheint, je nachdem man den Stab dem inneren oder dem äußeren Augenwinkel nähert.

Der Nutzeffekt für den Energieumsatz der Röntgen- in sichtbare Lichtstrahlung ist von **Rutherford** und **McClung** untersucht. Die Röntgenenergie wird bolometrisch gemessen, die Lumineszenzenergie durch Vergleich mit der bekannten Energiekurve einer Hefnerlampe berechnet. Bariumplatincyanür sowie Calciumwolframat ergaben beide einen Nutzeffekt von 3,7 Proz., während E. **Wiedemann** [6]) bei Erregung der Fluoreszenz durch Licht 4 Proz. als Nutzeffekt gemessen hatte.

[1]) E. L. **Nichols** und E. **Merritt**, Phys. Rev. **21**, 247 (1905). — [2]) L. S. **McDowell**, ebenda **30**, 474 (1910). — [3]) G. **Brandes**, Berl. Ber. 1896, S. 547. — [4]) E. **Dorn**, Wied. Ann. **64**, 620 (1898). — [5]) W. C. **Röntgen**, III. Mitteilung. — [6]) E. **Wiedemann**, Wied. Ann. **37**, 233.

Man kann die Lumineszenzhelligkeit direkt zu einer genäherten Messung der Röntgenenergie im absoluten Maße benutzen [1]). Sie ist nach R u t h e r f o r d und M c C l u n g

$$= 0,082 \, \frac{r_1^2}{r_2^2 A} \, cal,$$

wenn r_1 den Abstand des Leuchtschirmes, r_2 den einer Hefnerlampe vom Photometerwürfel bedeutet und A den absorbierten Bruchteil der Strahlung bezeichnet, für den R u t h e r f o r d und M c C l u n g bei ihrem Bariumplatincyanürschirm etwa 70 Proz. beobachteten.

Über den Mechanismus der Lumineszenzerregung lassen sich bisher keine experimentell begründeten Vorstellungen entwickeln. Nach Analogie mit dem Lichte handelt es sich bei dem Phosphoreszenzvorgange um recht verwickelte Erscheinungen. Dies zeigen die neuen erfolgreichen Arbeiten von L e n a r d und K l a t t [2]), und wir wissen einstweilen über die Lumineszenz durch Röntgenstrahlen so gut wie nichts, obwohl es die Lumineszenz eines Platinsalzes war, durch die R ö n t g e n im Jahre 1895 die Strahlen entdeckte.

---

[1]) A. M o f f a t, Phys. med. Soc. Erlangen **30**, 70 (1898); E. R u t h e r f o r d und R. K. M c C l u n g, Phys. Zeitschr. **2**, 53—55 (1900). — [2]) P. L e n a r d und V. K l a t t, Ann. d. Phys. **15**, 225, 425, 633 (1904) und neuere Arbeiten.

Nachtrag.

Neuntes Kapitel.

Man kann alle bisher über die Röntgenstrahlen bekannten Tatsachen durch die Annahme elektromagnetischer Impulse zusammenfassend darstellen, ohne daß man über die Form des Impulswellenberges irgend welche nähere Kenntnis besitzt. Wir wissen nichts über die Gestalt des Impulses [1]), weil uns der zeitliche Verlauf der Verzögerung des emittierenden Elektrons unbekannt ist, und wir schließen lediglich aus dem verschiedenen Grade der Gültigkeit eines exponentiellen Absorptionsgesetzes, daß Impulse sehr verschiedenartiger Gestalt und Breite existieren. Eine periodische Beschleunigung der Elektronen im Inneren des Atomes, die dann gleichgebaute Impulse zwischen äquidistanten Kugelschalen, also mehr oder minder monochromatisches Licht sehr hoher Frequenz emittieren, ist von vornherein durchaus nicht von der Hand zu weisen, nur geben die Versuche über die Beugung der Röntgenstrahlen [2]) bisher keinen experimentellen Anhalt, daß auch nur ein Teil der Strahlung einer Platinantikathode periodischen Charakter besitzt. Auf der anderen Seite legt der einheitliche Absorptionskoeffizient der charakteristischen Strahlung die Annahme eines periodischen Vorganges nahe; wir haben in diesem Sinne bereits von Spektrallinien [3]) gesprochen und selbst die Eigenfrequenzen [4]) für verschiedene Atome zu berechnen versucht, haben aber trotzdem stets den Ausdruck „Impulsbreite" statt „Wellenlänge" beibehalten, denn zwingend ist der Schluß von einer Homogenität auf eine periodische Natur der charakteristischen Strahlung nicht. Man könnte auch einen sehr einheitlichen Absorptionskoeffizienten beobachten, wenn gleichgebaute unperiodische Impulse in beliebigem zeitlichen Abstand aufeinander folgen, wenn z. B. bei Anregung der charakteristischen Strahlung im Inneren des Atomes unperiodische, explosionsartige Vorgänge stattfinden, die unter

---

[1]) Vgl. S. 21. — [2]) Vgl. W. Rybczynski, Phys. Zeitschr. **15**, 708 (1912). — [3]) S. 80. — [4]) S. 131.

sich so gleichartig verlaufen, wie dies bei den radioaktiven Atomen der Fall sein muß, wenn sie ihre Elektronen bis zu derjenigen streng einheitlichen Geschwindigkeit beschleunigen, die wir an den homogenen β-Strahlen beobachten. Diese Analogie liegt um so näher, als die Erregung der charakteristischen Strahlung von einer selektiven Elektronenemission begleitet ist [1]).

Einen wirklichen Beweis, daß auch Röntgenstrahlen periodischen Charakter besitzen und monochromatische Schwingungen darstellen können, vermag man nur zu erbringen, wenn man an Röntgenstrahlen Interferenzerscheinungen nachweist.

Für Interferenzerscheinungen an irgend welchen gitterartigen Gebilden darf zur deutlichen Trennung der einzelnen Intensitätsmaxima die Gitterkonstante nicht erheblich größer sein als die Wellenlänge. Für Röntgenstrahlen eines technischen Entladungsrohres haben wir nach den Beugungsaufnahmen von Walter und Pohl, sowie nach der Anwendung des Planckschen Wirkungselementes als Größenordnung der Wellenlänge 10^{-9} cm zu erwarten, und daher wäre 10^{-8} cm ein geeigneter Wert für die Gitterkonstante. 10^{-8} cm ist die Größenordnung für den Abstand der Molekülzentra, und M. Laue [2]) ist ganz kürzlich auf den durch seine Einfachheit verblüffenden Gedanken gekommen, die regelmäßige Anordnung der Moleküle im Inneren eines Kristallraumgitters als Beugungsgitter für Röntgenstrahlen zu benutzen [3]). Fallen Röntgenstrahlen auf irgend einen beliebigen Körper, so werden seine Moleküle bzw. dessen Atome der Ausgangspunkt sekundärer Strahlen, seien es durch Streuung entstandene oder charakteristische. Sind es die Moleküle eines regulären Kristalles, auf den die Primärstrahlen senkrecht zu einer Seitenfläche einfallen, so können wir jede Schicht des Kristalles von der Dicke eines Moleküls in erster Annäherung als ein optisches Kreuzgitter auffassen, das uns in bekannter Weise Intensitätsmaxima auf zwei zueinander senkrechten Hyperbelscharen ergibt. In einem Kristallstück endlicher Dicke liegt eine große Zahl derartiger Kreuzgitter hintereinander, dadurch werden sich im allgemeinen Maxima und Minima der verschiedenen Kreuzgitter vernichten, aber in

---

[1]) S. 120—122. — [2]) Münch. Ber., S. 303—322 (1912). — [3]) Der Abstand der Molekülzentra schwankt infolge der Wärmeschwingungen bei Zimmertemperatur nur um einige Proz. (Vgl. F. A. Lindemann, Dissertation, Berlin 1911.)

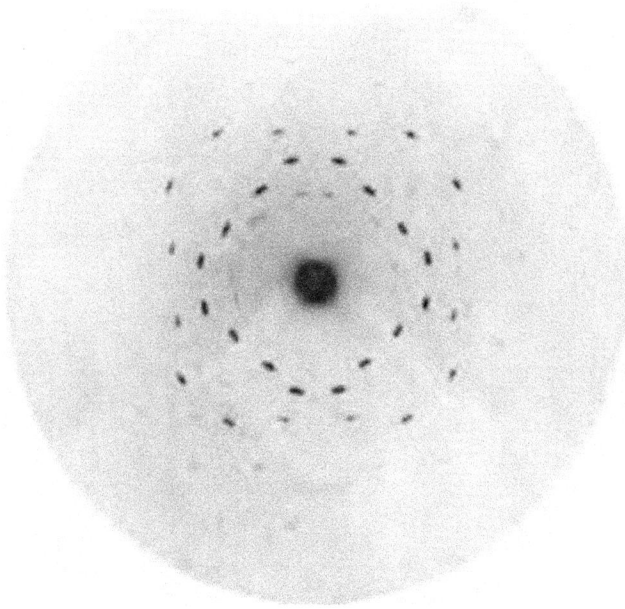

Fig. 72.

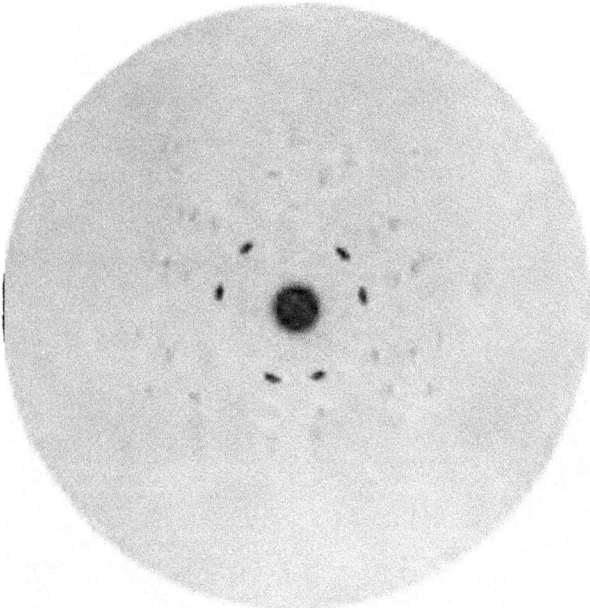

bestimmten Richtungen relativ zum einfallenden Strahl werden sich
die Maxima verstärken und punktförmige Lichter auf dunklem
Grunde ergeben. Friedrich und Knipping haben auf Laues
Veranlassung diesen Versuch angestellt. Sie haben in den Gang
eines etwa 1 mm dicken Primärbündels eines technischen Rohres
eine mittels eines Goniometers genau orientierte, 0,5 mm starke
Zn S - Kristallplatte gebracht und senkrecht zum Primärbündel
dahinter in etwa 40 mm Abstand eine photographische Platte.
Auf dieser ergab sich nach mehrstündiger Exposition die Fig. 71,
die in der oberen Hälfte der beigefügten Tafel reproduziert ist.
Der schwarze zentrale Teil ist der durch photographische Irra-
diation stark verbreiterte Durchstoßpunkt der Primärstrahlen, und
die schwarzen Punkte geben uns in der Sekundärstrahlung eine
Interferenzfigur ganz erstaunlicher Schärfe, wie sie nur eine schon
recht homogene periodische Schwingung erzeugen kann. Die
Strahlen verliefen parallel einer vierzähligen Symmetrieachse, und
dem entspricht eine vierfache Symmetrie des Interferenzsystems[1]).
Mit einer Drehung des Kristalles um die Richtung des Primärbündels drehen sich die beiden senkrecht zueinander stehenden
Symmetrieebenen mit. Ein Winkelfehler von 3⁰ in der Orientierung
des Kristalles genügt, um diese Symmetrie vollkommen zu vernichten.
Verläuft das primäre Bündel in der Richtung einer dreizähligen
Symmetrieachse, so zerfällt das Bild in drei symmetrische, je 120⁰
umfassende Teile, wie die untere Fig. 72 der Tafel zeigt.

Absorptionsversuche bewiesen, daß die Interferenzpunkte
wirklich von Röntgenstrahlen erzeugt werden. 3 mm dicke Al-
Platten ergaben für den mittleren Absorptionsindex 3,8 cm⁻¹,
und man sieht in der oberen Fig. 71 der Tafel im unteren
Quadranten den Schatten eines viereckig geschnittenen Al-Bleches.
Vom Härtegrad der Röhre hängt nicht die Lage, sondern nur
die Intensität der Maxima ab. Kristalle von Kupfersulfat, Koch-
salz und Diamant gaben ebenfalls Interferenzfiguren, und zwar der
letztere mit dem wichtigen Unterschied, daß das interferierende
Strahlenbündel nicht, wie beim Zn S in den Figuren ersichtlich ist,
nur auf einen engen Strahlenkegel in Richtung der Primärstrahlen

---

[1]) Diese vierzählige Symmetrie ist ein sehr anschaulicher Beweis,
daß das Raumgitter eine holoedrische Symmetrie besitzt, auch wenn
der Kristall wie die Zn S hemiedrisch ist.

beschränkt ist, sondern nach allen Emissionsrichtungen Interferenz-punkte zu beobachten waren.

Soweit der vorläufige experimentelle Befund, der eindeutig beweist, daß es auch im Gebiete der Röntgenstrahlen weitgehend monochromatische, periodische Schwingungen gibt. Unter welchen Bedingungen diese periodischen Schwingungen entstehen, ist zur-zeit noch nicht aufgeklärt[1]). Vielleicht oder sogar wahrscheinlich handelt es sich um die charakteristische Strahlung, die dann also neben dem weißen Röntgenlicht eines unperiodischen Bremsimpulses eine Röntgenspektrallinie darstellen würde. Ob diese periodische Strahlung schon in dem primären Bündel als charakteristische Strahlung der Platinantikathode enthalten ist[2]), oder erst als Sekundärstrahlung im Inneren der Kristallatome entsteht, ist eben-falls noch ungewiß. Die Beschränkung der interferenzfähigen Emission auf einen engen, die Fortpflanzungsrichtung umhüllenden Kegel könnte für die erste Möglichkeit sprechen, nämlich daß die periodische Strahlung der Antikathode im Inneren des Kristalles in bekannter Weise dissymmetrisch zerstreut wird[3]). Dem wider-spricht jedoch die Beobachtung am Diamant, doch bietet dieser auch der zweiten Erklärungsmöglichkeit, der Fluoreszenz der Kristallatome, Schwierigkeit, solange am Kohlenstoff keine charak-teristische Strahlung mit dem Absorptionskoeffizienten

$$\left(\frac{\mu}{\varrho}\right)_{Al} = \text{etwa } 1{,}5 \frac{cm^2}{g}$$

nachgewiesen ist. Hier muß man weitere Experimente abwarten.

Laue hat einstweilen versucht, die Erscheinungen der Inter-ferenzfiguren quantitativ zu berechnen, falls sinusförmige Röntgen-strahlen in ein beliebiges triklines Kristallgitter hineinfallen und die Atome des Kristalles ebenfalls Sinuswellen emittieren. Das rechtwinkelige Koordinationssystem xyz habe seinen Mittelpunkt in dem zentralen Atom des durchstrahlten Kristalles. Die Längen und Winkel der Elementarparallelepipede seien nach Größe und Richtung durch die drei Vektoren $\mathfrak{a}_1$, $\mathfrak{a}_2$, $\mathfrak{a}_3$ dargestellt. Dann liegen die Mittelpunkte der einzelnen Atome an dem Ort:

---

[1]) Interessant sind in diesem Zusammenhang die Untersuchungen über die Erzeugung der optischen Spektralfarben durch die Spektral-apparate bei Beleuchtung mit Impulsen weißen Lichtes. — [2]) Vgl. S. 39, 88, 99, 131. — [3]) Vgl. S. 65.

$$\left.\begin{array}{l} x = m\,a_{1x} + n\,a_{2x} + p\,a_{3x} \\ y = m\,a_{1y} + n\,a_{2y} + p\,a_{3y} \\ z = m\,a_{1z} + n\,a_{2z} + p\,a_{3z} \end{array}\right\} \cdot \cdots \cdot (64)$$

wobei die ganzen Zahlen m, n, p zur Numerierung der Atome dienen.

Die von einem Atom ausgehende sinusförmig verlaufende elektrische Feldstärke $\mathfrak{E}_r$ läßt sich in dem hinreichend weit entfernten Aufpunkt P im Abstand r darstellen als

$$\mathfrak{E}_r = \psi\, \frac{e^{-ikr}}{r} \cdot \cdots \cdots \cdot (65)$$

wenn $k = \dfrac{2\pi}{\lambda}$ und ψ eine Richtungsfunktion ist, die man in der Optik $= 1$ setzen darf, über die man bei der vergleichbaren Größe von Atom und Wellenlänge nichts Näheres aussagen kann. Da auch die einfallende Röntgenwelle sinusförmig angenommen wird, also räumlich in der Primärstrahlrichtung folgende Atome mit verschiedenen Phasen angeregt werden, so ist der obige Ausdruck (65) noch mit $e^{-ik(x\alpha_0 + y\beta_0 + z\gamma_0)}$ zu multiplizieren, wenn $\alpha_0\,\beta_0\,\gamma_0$ die Richtungskosinus der einfallenden Primärstrahlen bedeuten, und man findet daher am Aufpunkte P als Überlagerungseffekt der von sämtlichen Atomen ausgehenden Sinuswellen:

$$\mathfrak{E}_r = \Sigma\,\psi\, \frac{e^{-ik(r + x\alpha_0 + y\beta_0 + z\gamma_0)}}{r} \cdot \cdots \cdot (66)$$

Nun nehmen wir r groß gegen den Durchmesser des durchstrahlten Kristalles, vernachlässigen die Unterschiede in der Entfernung r der einzelnen Atome vom Aufpunkt, d. h. setzen im Nenner statt r die Entfernung R des Aufpunktes vom Kristallmittelpunkt, nehmen für ψ den Wert, welcher der Richtung $\alpha\beta\gamma$ des Aufpunktes entspricht, d. h. vernachlässigen die Richtungsunterschiede zwischen dem Aufpunkt und den einzelnen Atomen und benutzen für das r im Zähler die Näherung:

$$r = R - (x\alpha + y\beta + z\gamma).$$

Dann folgt aus (66):

$$\mathfrak{E}_R = \psi_{(\alpha,\beta)}\, \frac{e^{-ik.R}}{R}\, \Sigma\, e^{ik[x(\alpha - \alpha_0) + y(\beta - \beta_0) + z(\gamma - \gamma_0)]}$$

$$= \psi_{(\alpha,\beta)}\, \frac{e^{-ikR}}{R}\, \Sigma_m\, \Sigma_n\, \Sigma_p\, e^{i(mA + nB + pC)},$$

wo die Kürzungen:

$$A = k[a_{1\,x}(\alpha - \alpha_0) + a_{1\,y}(\beta - \beta_0) + a_{1\,s}(\gamma - \gamma_0)]$$
$$B = k[a_{2\,x}(\alpha - \alpha_0) + a_{2\,y}(\beta - \beta_0) + a_{2\,s}(\gamma - \gamma_0)] \quad \Bigg\} \cdot (67)$$
$$C = k[a_{3\,x}(\alpha - \alpha_0) + a_{3\,y}(\beta - \beta_0) + a_{3\,s}(\gamma - \gamma_0)]$$

eingesetzt sind.

Falls der durchstrahlte Teil des Kristalls von Ebenen begrenzt ist, die denen des Elementarparallelepipeds parallel verlaufen, so ist die Summation nach m von einer ganzen Zahl $+ M$ bis zu $- M$ auszuführen und so analog nach n und p. Dann ergibt sich die Intensität der Schwingung im Aufpunkte vom Abstand R proportional zu

$$\frac{|\psi_{(\alpha\beta)}|^2}{R^2} \quad \frac{\sin^2 MA \cdot \sin^2 \cdot NB \cdot \sin^2 NC}{\sin^2 {}^1/_2\,A \cdot \sin^2 {}^1/_2\,B\,\sin^2 {}^1/_2\,C} \Bigg\} \cdot \cdots (68)$$

Jeder dieser Sinusbrüche erhält seinen größtmöglichen Wert, wenn sein Nenner verschwindet, also wenn h ganze Zahlen bedeuten:

$$A = 2\,h_1\,\pi$$
$$B = 2\,h_2\,\pi$$
$$C = 2\,h_3\,\pi$$

oder

$$a_{1\,x}\alpha + a_{1\,y}\beta + a_{1\,s}\gamma = h_1\lambda + a_{1\,x}\alpha_0 + a_{1\,y}\beta_0 + a_{1\,s}\gamma_0$$
$$a_{2\,x}\alpha + a_{2\,y}\beta + a_{2\,s}\gamma = h_2\lambda + a_{2\,x}\alpha_0 + a_{2\,y}\beta_0 + a_{2\,s}\gamma_0 \quad \Bigg\} \cdot (69)$$
$$a_{3\,x}\alpha + a_{3\,y}\beta + a_{3\,s}\gamma = h_3\lambda + a_{3\,x}\alpha_0 + a_{3\,y}\beta_0 + a_{3\,s}\gamma_0$$

Die linken Seiten sind gleich der Länge einer Parallelepipedkante, multipliziert mit dem Kosinus des Winkels zwischen ihr und der durch den Aufpunkt gehenden Richtung $\alpha\,\beta\,\gamma$. Jede der Gleichungen gibt somit Kreiskegel, deren Achsen mit der Richtung einer Kante zusammenfallen. Intensitätsmaxima sind nur in den Richtungen zu erwarten, in denen der Schnittpunkt zweier Kegel einem Kegel der dritten Schar naheliegt; nicht jeder Schnitt zweier Kegel ergibt ein Maximum wie beim Kreuzgitter, weil eben hier viele Kreuzgitter hintereinander liegen. Für den Fall, daß ein regulärer Kristall parallel den Achsen seines würfelförmigen Raumgitterelementenparallelepipeds durchstrahlt wird, können wir die drei gleich langen Kanten in die Richtung des Koordinatensystems legen, es wird:

$$a_{1\,y} = a_{1\,s} = a_{2\,x} = a_{2\,s} = a_{3\,x} = a_{3\,y} = 0; \; a_{1\,x} = a_{2\,y} = a_{3\,s} = a,$$

ferner
$$\alpha_0 = \beta_0 = 0; \; \gamma_0 = 1,$$
und Gleichung (69) geht über in
$$\alpha = h_1 \frac{\lambda}{a}; \; \beta = h_2 \frac{\lambda}{a}; \; 1 - \gamma = h_3 \frac{\lambda}{a}.$$

Für eine Bildebene, die zur Primärstrahlrichtung senkrecht steht, sind die Kurven $\alpha = const$ und $\beta = const$ Hyperbeln, deren Achsen senkrecht zueinander stehen und deren Mittelpunkt im Durchstoßpunkt der primären Strahlen liegt. Wo sich zwei Hyperbeln schneiden, liegen die Maxima des Kreuzgitterspektrums einer Kristallplatte von der Dicke eines Atomdurchmessers. Aus ,der großen Zahl dieser Schnittpunkte greift nun aber bei der vorliegenden endlichen Hintereinanderlagerung vieler Kreuzgitter die Bedingung
$$1 - \gamma = const$$
Punkte heraus, die auf Kreisen liegen, deren Mittelpunkt der primäre Durchstoßpunkt ist, und damit haben wir nach Laue in seinen wesentlichen Zügen das Bild, das uns die Interferenzfiguren der Röntgenstrahlen in Fig. 71 bieten.

Die räumliche Beschränkung des interferenzfähigen Kegels ist vielleicht durch die unbekannte Richtungsfunktion ψ zu erklären, die hier zunächst vorläufig konstant gesetzt wurde.

Laue hat auch versucht, die in der Tafel reproduzierten Figuren an Hand der Gleichung (69) quantitativ zu berechnen, und hat nach einer neueren Mitteilung[1]) gefunden, daß man zu ihrer Erklärung fünf Wellenlängen:
$$\lambda_1 = 1,27 \cdot 10^{-9} \text{ cm}$$
$$\lambda_2 = 1,90$$
$$\lambda_3 = 2,24$$
$$\lambda_4 = 3,55$$
$$\lambda_5 = 4,83$$
anzunehmen hat.

Durch den Nachweis der Interferenz muß es als sicher gelten, daß Röntgenstrahlen periodischen Charakter besitzen können; aber erst weitere Versuche werden zeigen, wann und in welchen Fällen unperiodisch gebremste Elektronen Impulse weißen Röntgenlichts

[1]) Münch. Ber., S. 363—373 (1912).

emittieren oder periodisch beschleunigte, schwingende Elektronen eine monochromatische Röntgenspektrallinie erzeugen.

Bisher kann man das elektromagnetische Spektrum mit Ausnahme von drei Oktaven [λ = etwa $1/_2$ [1]) bis etwa 4 mm] kontinuierlich von λ = 100 $\mu\mu$ oder ν = 3 . 10^{15} sec^{-1} bis zu Wellen von vielen Kilometern Länge verfolgen. Die Interferenzfähigkeit der Röntgenstrahlen beweist, daß auch Schwingungen von der Wellenlänge λ = 0,01 $\mu\mu$ oder ν = 3 . 10^{19} sec^{-1} existieren. Das ist gegenüber der kürzesten ultravioletten Lichtschwingung eine Erweiterung des elektromagnetischen Spektrums um 13 Oktaven, die sich wahrscheinlich noch vergrößern läßt, wenn Laue, Friedrich und Knipping ihre Versuche auch auf γ - Strahlen ausdehnen. Bestätigt sich, wenn auch nur formal, der Zusammenhang, den das Plancksche Wirkungselement zwischen Frequenz und Elektronengeschwindigkeit ergibt, so würde einer Strahlung von 100 $\mu\mu$ eine Geschwindigkeit des Elektrons von 12 Volt entsprechen; und es besteht berechtigte Hoffnung, das große Spektralgebiet zwischen 100 $\mu\mu$ und 0,01 $\mu\mu$ in absehbarer Zeit experimentell zu erforschen, wenngleich die Abnahme der Strahlungsenergie mit der vierten Potenz der Geschwindigkeit[2]) nicht unerhebliche Schwierigkeiten erwarten läßt.

---

[1]) H. Rubens und O. v. Baeyer, Berl. Ber. 1911. — [2]) S. 9.

Namenregister.

Lindemann, F. A., 105, 126, 150.
Lüppo-Cramer 145.
Luther, R., 145.

Malagoli, R., 90.
Maltézos, G., 22.
Marchant, E. W., 91.
Marx, E., 141—144.
Mc Clung, R. K., 2, 3, 5, 89, 90, 132, 139, 147, 148.
Mc Dowell, L. S., 147.
Mc Intosh, D., 91.
Meitner, L., 84.
Merritt, E., 147.
Miller, F. C., 50.
Millikan, R. A., 91, 107.
Moffat, A., 148.
More, E. J., 91.
More, L. T., 108.
Morize, H., 12.
Moulin, M., 139.

Nichols, E. L., 147.

Owen, E. A., 63—65, 71.

Paalzow 3.
Perrin, J., 132, 137.
Piper, S. J., 121.
Planck, M., 127, 128—131, 156.
Pohl, R., 13, 17, 25, 26, 28, 32, 33, 36, 110, 117, 126, 129, 143, 144, 150.

Porter, H. J., 135.
Pringsheim, P., 117,126.

Radebolt, W., 146.
Raveau, C., 22.
Richarz, F., 134.
Ries, Chr., 146.
Righi, A., 108.
Roiti, A., 10, 12, 58.
Röntgen, W. C., 1, 10, 13, 16, 39, 58, 91, 103, 105, 132, 140, 147, 148.
Rubens, H., 3, 156.
Rutherford, E., 2, 3, 5, 89, 90, 139, 147, 148.
Rybczynski, W., 149.

Sadler, C. A., 58, 60, 68, 73, 74, 76, 77, 81, 83—85, 87, 94, 104, 118, 119.
Sagnac, G., 58, 105.
Schöps, K., 2, 5.
Schuhknecht, P., 146.
Seitz, W., 6, 7, 16, 40, 78, 81, 103, 104, 111, 112, 114, 115, 130.
Simons, L., 135, 139.
Sommerfeld A., 30, 36, 46, 48, 54, 55, 57, 129.
Stark, J., 42, 128.
Starke, H., 140.
Steven, A. J., '104.
Stokes, G. G., 17, 84.
Straubel, R., 146.

Thomson, J. J., 4, 17, 20, 69, 70, 72, 120, 124, 126, 132, 140.
Tool, A., 112, 116.
Townsend, J. S., 140.
Trenkle, W., 9.
Trouton, Fr. T., 12.

Uschkoff 145.

Vegard, L., 43, 44, 46, 47, 119.
Villard, P., 145.

v. d. Waals jr. 22.
Waddell, J., 91.
Walter, B., 6, 13, 18, 19, 22, 25, 26, 32, 33, 36, 58, 90, 102—105, 129, 145, 150.
Warburg, E., 140.
Wehnelt, A., 9, 102, 103.
Westphal, W. H., 140.
Whiddington, R., 9, 11, 20, 39, 74, 75, 80, 82—84, 95, 121, 131.
Wiechert, E., 17.
Wiedemann, E., 147.
Wien, W., 2, 5, 6, 41, 124, 126, 128.
Wilson, C. T. R., 134, 135.
Wilson, W., 20.
Wind, C. H., 19, 25, 26, 28, 32.
Winkelmann, A., 146.
Wood, R. W., 84.

Sachregister.

www.ingramcontent.com/pod-product-compliance
Lightning Source LLC
Chambersburg PA
CBHW020836210326
41598CB00019B/1916